# 安藤・岩野の「これからこうなる！」

## ゲームプロデューサーの仕事術

安藤武博
岩野弘明

集英社

# 目次

目次

## 第2章
## ドラクエでもFFでもないアウトサイダーの集まり、「特モバイル2部」の教え

## 第3章 「勝つ」ための秘策



## 第4章 仕事を進化させるために「変化」する

装丁　津野千枝

# 安藤・岩野の「これからこうなる!」

## ―ゲームプロデューサーの仕事術―

# はじめに

安藤武博

スクウェア・エニックスという会社をご存じでしょうか。

主にゲームソフト開発と販売を行う日本の会社です。かつて「エニックス」という会社と「スクウェア」という会社があり、それらが二〇〇三年に合併して現在の社名となりました。

ゲーム業界の中では「大手」と言ってよいでしょう。二〇一六年三月期の売上高は二一四一億円、業界第五位でした。

「ゲーム業界」といっても、ゲームを遊ぶ機械・ハードを制作する会社と、そのゲーム機で動くプログラム・ソフトを制作する会社があります。両方制作する会社もあります。ＣＤやパソコンと同じですね。スクウェア・エニックスは、ソフトを制作しています。近年は出版事業で知る人も増えているかもしれません。

私たち安藤武博と岩野弘明は、そのスクウェア・エニックス（スクエニ）に入社し、ゲームプロデューサーとなりました。入社時期には十年ほどの差があり、いっとき岩野は安藤の部下として仕事をしていました。

スクエニを代表するゲームといえば、『ドラゴンクエスト』（ドラクエ）と『ファイナルファンタジー』（ＦＦ）です。前者はエニックスが一九八六年に発売し、後者はスクウェアが一九八七年に発売しました。以降今もなおＦＦは二〇一六年に『XV』を発売、ドラクエは二〇一七年に『XI 過ぎ去りし時を求めて』を発売予定という、三十年以上の超ロングヒットを重ねています。

安藤と岩野は、一度もそれらのナンバリングタイトルに関わったことはありません。安藤はＦＦの新規派生タイトル『ファイナルファンタジー ブレイブエクスヴィアス』の制作に軽く参加したことはありますが、「スクエニといえばドラクエやＦＦ」というイメージのせいか、取材の際にそれらの作品についてコメントを求められることがあり、そんな時には「ＦＦやドラクエのことは私に聞かないで。名作が穢《けが》れてしまうから」と冗談まじりに答えています。

つまり、安藤も岩野も、これまで会社の屋台骨を支えてきた仕事とは無縁でした。むしろ自分たちの方で、ドラクエやＦＦの仕事をしないようにしていた向きもあるかもしれません。それは何もないところからオリジナルタイトルを開発し、ヒットさせたいという強い思いがあったからです。

ドラクエやＦＦだって、はじめは「何もない」ところから生まれています。それが、これほどまでのモンスターヒットになっている。私たちにもそのようなゲームをつくれる可能性はあると信じて、数多くのゲームをプレイし、おもしろさの真髄を知り尽くそうとつとめ、これは絶対にヒットするという渾身《こんしん》の思いで企画を考え、ゲームづくりに全身全霊で打ち込んでいます。

私たちがゲームに夢中になった理由は、「万能で難度の高いエンターテインメント」だからです。エンターテインメント——人々が楽しむ娯楽——には、映画や音楽、演劇、遊園地といったものがありますね。もちろん私たちもそれらを楽しみますが、「プレイする人によって体験が変化する」のが他のエンタメとは一線を画すゲームの特性です。さらに、それら前述したすべてのエンターテインメントをのみ込んでしまって、ゲームという表現に束ねてしまえるところに飽くなき魅力を感じています。

ここでいう「ゲーム」とはコンピューターゲームを指しますが、カードゲームやボードゲームなどの非電源ゲーム、いわゆるアナログゲームにも、プレイする人によって体験が変化するという特性はあります。ただコンピューターの進歩は凄《すさ》まじい演出効果や技術革新を生みました。

映像、音楽、人々との交流、そして闘い、自分だけが歩み得る道筋、不可能と思われることへの挑戦。仮想世界の中に、これほど優れた娯楽があるでしょうか。私たちはそう信じてやみません。

プロデューサーとしてそのゲームのつくり手となる時、計画・試行・失敗・さらなる再試行の繰り返しを粘り強く継続していくことが求められます。ディレクター、シナリオライター、イラストレーター、デザイナー、サウンドクリエイター、スクリプター、プログラマーなど、多くの人たちと力を合わせて一つの作品を商品にします。そして、その商品を喜んでくれるお客様がいます。プレイヤーだった学生時代からクリエイターの一人となって、ゲーム制作というはかり知れない世界の虜《とりこ》となりました。

プラットフォーム（ゲームをする媒体）は、テレビに接続して使う「家庭用ゲーム機」が主流でした。

携帯電話でゲームが遊べるようになっても、家庭用ゲーム機の表現力には及ばないものでした。しかしAppleがiTunes Storeで音楽配信を始めたとき、そこにゲームを加えられるのではという可能性を抱きました。

新たなプラットフォームに参入することで勝算を見込めるかもしれない――安藤はそう考え、いち早くAppleのiTunes Storeでのゲーム販売を試みました。二〇〇八年当時の媒体は、iPodです。

入社以来、鈴木さんという美少女の周りに次々と現れる爆弾を解体するゲーム『鈴木爆発』や、ヤンキーを登場人物に複数のプレイヤーで遊ぶオンラインＲＰＧ『疾走、ヤンキー魂。』といった奇抜で新しい位置付けのゲームを世に出していた安藤でしたので、iPodというプラットフォームへのチャレンジは自然な流れでした。また多くの著名人に登場してもらい、宣伝のためにテレビの音楽バラエティー番組「ヘビメタさん」まで放送した『ヘビーメタルサンダー』では大赤字を叩き出した商業的失敗もありましたから、専用ゲーム機からiPodへの活路を見出さねばならなかったという側面もあります。しかしそれにしても当時はまったくもって先行き不透明と思われていたiPodゲーム企画には、「ついに安藤がおかしくなった」と社内で囁かれたものでした。

しかし、結果としてiPodに電話機能とパソコン機能が加わったiPhoneが爆発的に普及をし始め、その流れの中でiPhoneゲームで成功し、「スマートフォンのゲームは来る」という確信を得たことは大きな勝機でした。安藤はモバイル事業部に加わったのち、そこから分派した部署の部長となり、そこに岩野を呼びました。

安藤の部門は当初十人ほどで、岩野を含め、皆が「くすぶっている」社員たちでした。

・作品がなかなか売れずにくすぶっている
・結果を出したのにもかかわらず、それが認められずにくすぶっている
・ゲームがつくりたいのにもかかわらず、つくれない環境にいてくすぶっている

そんな「はみ出し者」たちがいたのです。

「スマートフォンで不動のヒット作を当てよう」

部内一丸となって、ゲームづくりに取り組んだ三年間でした。

そして安藤、岩野でプロデュースした作品が二〇一二年に発表した『拡散性ミリオンアーサー』です。百万人のアーサー王と百万本のエクスカリバー（アーサー王の剣）があるブリテンが舞台。プレイヤーがアーサー王の一人となって戦うファンタジーＲＰＧは、メディアミックスとして本や漫画、実写版テレビドラマやラジオ番組となり、現在は『乖離性《かいりせい》ミリオンアーサー』として岩野のプロデュースで配信中です。

のちに部が再編された頃、人数は五十人ほどに増えていました。安藤は部長職を離れ、それから半年後にスクエニを退社しました。

この本は、「安藤と岩野が上司と部下として共にスクエニに在籍していたとき」「安藤がスクエニを辞めようと新たな道を探していたとき」、そして「安藤は起業し、岩野はスクエニで社員としてゲームプロデューサーを続けることにしたとき」の変遷のさなかに、ゲーム業界情報サイトで連載した私見を抜粋したものです。

書き綴る中で感じたゲーム業界の流れや会社員としての仕事の進め方、ゲームづくりの要点、会社員ではなくなったときに直面した出来事、ゲームや仕事はこれからこうなる、という個人的見解による予測を示しています。

「これからこうなる」。未来のことは誰にもわからなくても、私たちにはそれを考える自由があります。ここに波が「来るんじゃないか」と思っていても、来てから何かやろうとしても遅い。ここに波が「来るんだ！」と決めてしまうのです。そうすれば、来る日のための準備ができるのですから。確証がないからと曖昧な状態でいるよりも、これだと言い切ることで、行動の精度は高まります。またこれまでの模索や、失敗や、つらかったこと、うまくいったこと、楽しかったことといった体験が、未来を予測する助けとなることもあるでしょう。

この本にはほとんどゲームの話ばかりが並んでいますが、それは私たちが二十四時間、三百六十五日、ゲームのことばかり考えて生きているからです。

皆さんにも、寝ても覚めても忘れられないものがあることでしょう。ゲームの話はよくわからないよ、という方は、ご自身の夢中なことに置き換えて読んでいただくと新たな発見があるかもしれません。

ゲームクリエイターを目指す方々にとっては、これからするかもしれない回り道が、この本によって近道になることを願います。

自分たちの周りにいるゲームプロデューサーは、はたから見るとゲームで遊んでいるように思われて、見るからに変な服装で仕事をし、ニッチなものに執着やこだわりやポリシーを持っていて、周りから変わり者だと言われるような人たち揃《ぞろ》いですが、「仕事で良い結果を出すために、日々見えない敵と格闘している」という根本については、他の職種に就いている人たちとなんら変わりはありません。

他の業界の人たちにも読みやすいように、平易な文章で書くことにつとめました。どうか肩肘をはらずに—ゲームプロデューサーの仕事を、いや安藤と岩野という二人のゲームプロデューサーの仕事を、ゲームで遊ぶような気持ちで読んでもらいたいと思います。

あなただけが体験し得る、「人生」というゲームが一層鮮やかなものとなるように。

ゲームづくりはチームワーク。

人と人とのつながりと、それぞれのパフォーマンスを活かした仕事が求められます。私たちはゲームづくりを通じて、何が人の心をとらえるのか、どのようにお金をかけるのか、どのようにクリエイターたちに良い仕事をしてもらうのか、会社という組織の中でどう生きるべきなのか、といった様々な体験を重ねました。そんな「ゲームに教えてもらった大事なこと」を、この章ではお話ししましょう。

## 私はなぜスクエニの部長をやめたのか？（安藤）

私の勤めていたスクウェア・エニックスは、エニックスとスクウェアが二〇〇三年に合併して現在に至ります。私は旧エニックスに一九九八年に入社し、ゲームプロデューサーとしてゲームづくりに携わり、二〇一二年にモバイル事業の一部門の部長となりました。その時に、独自の呼称を部の名前としました。

### その部門名が、「特モバイル2部」です。

「2部」といっても、その前に「特モバイル1部」はありません。この部門名は、一九八八〜九四年、小学館の「週刊少年サンデー」でゆうきまさみが連載していた漫画『機動警察パトレイバー』に由来します。ロボット技術の発達で生まれた多足歩行型作業機械・レイバーを用いた、新型犯罪を阻止するべく警視庁に設けられた専門部署が、特科車両二課中隊、略して「特車二課」でした。その特車二課のメンバーは、予備学校を出たばかりで経験ゼロの若者たちが大多数。内部の批判を浴びながらも敵に立ち向かい、成長を遂げていく物語です。

そんな部門にしたい。集まった部下たちに私はパトレイバー・特車二課の葛藤を重ね合わせ、またその活躍を願いました。

**スマートフォンゲーム**
スマートフォンで動作するゲーム。スマホゲーム、スマゲとも。

**RPG**
ロールプレイングゲーム。Role Playing

もちろん社内では部に独自の名をつけることなど前例がなく、それこそ私が部長になった途端に「批判を浴び」ましたが、いいものじゃないですか、自分たちの部門に独自の名前があるなんて。仕事へのモチベーションも一層高まることでしょう。思いつく説得材料を揃えて役員のもとへ行ったら、あっさり「いいんじゃない」。

そして部門名は「特モバイル２部」となり、皆の名刺にもその名が刷られることになりました。

会社組織の中で部長になれば、よほどのことがない限りその肩書きは失いません。しかし私は自らその部を**「時限的な部署」**に設定しました。時限は二年、長くても三年。なぜなら私が部長になった二〇一二年は、iPhoneが４Ｓから５になろうという時期で、いわゆるスマートフォンゲームが一気に数を増やしていました。iPodで操作する世界初のシミュレーションＲＰＧ『ソングサマナー　歌われぬ戦士の旋律』を私がプロデュースしたのが二〇〇八年のことです。その後iPhone版を手がけ、二〇一〇年にプロデュースした『ケイオスリングス』は配信開始から三日間で日米を含む世界十四か国で売上ランキング一位を獲得し、App Storeでは二〇一〇年に、Google Playでは二〇一二年にベスト

Gameの略。ユーザーが物語の役割を演じ展開するゲーム。

**『ソングサマナー　歌われぬ戦士の旋律』**　スクウェア・エニックスから二〇〇八年に発売されたiPod用シミュレーションＲＰＧ。iPod内の音楽によって生成される戦士・ミュージックファイターで戦闘する。プロデューサー兼シナリオ・安藤武博。

**『ケイオスリングス』**　メディア・ビジョンが開発し、スクウェア・エニックスから二〇一〇年に発売されたスマートフォン／タブレット端末用ＲＰＧ。闘技場に召喚され、殺し合いを命じられた男女四組の死闘を描く。プロデューサー・安藤武博。

ゲームに選ばれました。

スクエニは今後、スマートフォンゲームの世界市場で成功を狙える――この実績を元に、ドラクエやファイナルファンタジーといったスクエニの花形タイトル部門にいない特モバイル2部の「アウトサイダーたち」は、一刻も早くヒット作品を生み出さなければなりません。そのために、最長三年というデッドラインを設けたのです。

そして、自ら会社に申し出て、二〇一五年三月三一日付で三期つとめた部長職を退きました。私からの提案に会社が協力してくれたのでやめることができたわけです。

チャレンジに対してのサポートと理解が手厚い、これがこの会社の一番いいところです。

部長職を解かれて現場に戻ったあと、のちのち退職したわけですが、まず、在籍時に「どのようにして部長をやめたのか」を書きたいと思います。

この仕事では常に新しいブレイクスルーを見つけないと、今後死ぬ可能性が高い。それが何なのか明確に見つかっていないので全力で探さないといけないのですが、相当新しいものでなければ突破口はありえないので、**暴れる必要が**

**あります。**

暴れる。つまり、様々な行動を爆速で起こし、実験・失敗・改善を猛烈なスピードで繰り返す、ということを意味します。しかし、その中には時代を先行しすぎて「頭がおかしい」と思われるものが、おそらく含まれます。

例えばそれは、一九五〇年代にテレビが社会に出現した頃、街頭テレビで力道山の試合を観ている群衆に向かって「三十年後ファミコンという電子玩具をつなげることで、テレビはその出力装置になるよ」「そしてそれが社会的なブームになるよ」と言うようなものです。しかも今回の場合は技術の進化だけではなく、情報過多になった後の人間の行動や、人知に追いつくコンピューターとの対峙の仕方、ライフバランスの取り方など一層複雑になっています。時代が追いつくまで、先行者はクレイジーそのものでしょうね。

**クレイジーにやるためには、自由でなければならない。** しかし、組織の長が頭おかしいというのも人に迷惑がかかります。というわけで部長をやめました。

企業はチームスポーツのようなものですから、攻撃者がいれば守備者もいます。時代の趨勢《すうせい》が決まるまでの過渡期には「そこまで先行する必要がない人」

**ファミコン**
ファミリーコンピューターの略。任天堂から一九八三年に発売された家庭用ゲーム機。

にとって、こういった動きはウザイだけですし、互いに折り合いをつけるための調整時間すら惜しい時代です。よって切り分けることにしたのです。

これら攻撃を組織戦でマネジメントしながら展開できる人もいますが、私はブレイクスルー探しの大半を「現場」でものづくりすることによってやってきました。部長をやめるということは、私にとってホームである「現場」に戻ることを意味しています。本来、現場の人間はマネジメントの対価でなく、アイデアを出すことで食べていくべきですからね。

そんなことはもともとわかっていたので、部長に就任した時から次のことをあらかじめ決めていました。

## ■つくらない

部長職と現場の両立は不可能です。そんな器用なことは私にはできない。よって現場で制作することをあきらめました。ひたすら任せて、ものづくりに関して途中で口を挟まないと決めたのです。……ていうか、そんなこと私に無理なのもわかっていたので、最初に任せた後はとにかく見ませんでした。

## ■はやく譲る

そもそも色々な人のサポートがあって運良く部長になれただけなので、極端な話**「この幸運は負債」**くらいに考えていました。**はやくその運勢のボールを、他の人にパスする**ように心がけました。部長職は自分がいなくても十分に回る人員の組成と定義していたので、**はやく譲れないということはイケてない**のです。

## ■二発目のヒットまではやる

一発目のヒットはラッキーパンチの可能性があります。**二発目は実力です。**一発目『拡散性ミリオンアーサー』のヒットは、部長就任後十日も経たないうちにやってきました。それから『乖離性ミリオンアーサー』のヒットまで約二年半。これは両作品をプロデュースした岩野さんに深く感謝しています。

またこれらの実現に向けて以下のことを重点的にやりました。

## ■我慢する

任せきるために、**ひたすら口を出さずに我慢。**要するに積極的に「何もしない」わけですが、ものづくりで生きている人間にとってこれはただの苦行。し

**『拡散性ミリオンアーサー』**
二〇一二年四月一〇日サービス開始。百万人のアーサー王と百万本のエクスカリバーが存在するブリテンを舞台にしたファンタジーカードバトルRPG。プロデューサー・安藤武博、岩野弘明。

**『乖離性ミリオンアーサー』**
二〇一四年一一月九日サービス開始。ブリテン北方の訓練城ヘヴリディーズが舞台。プロデューサー・岩野弘明。

かしながら**現場は、全部任せないと特に優秀な人間ほど手抜きをする**ので結果として実力が伸びません。ただただツラい日々でしたが、はじめて心の底から他人の成功や失敗で一喜一憂できるようになりました。

正直言って昔は他人の成功は嫉妬の対象、したがって失敗は「ざまーみろ」くらいに思っていたのですが……修行の結果、新たなチャクラが開いたんですね。

## ■後継者を全力で探す

三年間のうち一年目のほとんどを採用と移籍交渉に割きました。これも自分がマネジメントやお金周りのことが苦手で、できれば他人にやってもらいたいと願う一心だったのですが……結果幸運にもそれらに長《た》けた飛車角とも言える人材にサポートしてもらうことができました。また、採用や組織運営に関して上司の理解も抜群でした。**三年間黒字だったのは彼らが「守った」おかげです。**

## ■情報収集を徹底する

つくらない、マネジメントもしない、となるといったい私は何をしたらいいのでしょうか？　超絶スピードで移ろいゆく業界と市場の情報を集めて、「時代の気分」をより正確に伝える。これに集中しました。**情報がないと戦争に勝てない**。というわけで対談記事やトークイベントの運営を中心に、誰よりもヒットメーカーに会いました。また優秀なクリエイターとの出会いにより、新たなプロジェクトが始まるという福音も数多く訪れました。

### ■ノウハウを惜しみなく与える

**キャリアが浅い人間の構造的欠点は、経験と人脈がないことです**。前者に関して私自身が「それなんではやく教えてくれないのよ?」と感じていたことを、よりわかりやすく、しつこく伝えることにカロリーを割きました。後者に関しては「本来は俺のものにしておきたい」虎の子のクリエイター・制作会社を優先的に紹介していきました。

### ■ひたすらつくらせる

組織において執行権限を持ったときに最も実現したかったのが、とにかく**「つくりまくる組織」**でした。少なくとも当時は次に何が当たるかわからなかったので、色々なことを試すことが戦略的に有効だったのです。二年半で二作ヒットが出たわけですが、この期間私たちは開発中止も含めると三十タイトル以上をつくりました。つまりざっくり言うと**「全体の九十三%は失敗した」**。これをどうみるか？

これだけ打席に立ったから見えた球筋は確かにあるので、ここまでつくったから二作目が当たったのは間違いない。効率化は無駄が出ることからスタートします。結果、無駄打ちも減りました。**とにかくこの商売、種をまかずして収穫はない**。これだけは今後も変わりません。

また、あさっての方向に向かってバットを振った若者に**貴重な失敗経験が蓄積されました**。どれほどキャリアの浅い人間でも任せ切ったので、彼らには「あのとき口出しされなければ当たっていた」「あのときつくらせてくれていればヒットしていた」という言い訳がない。**この完全自己責任の失敗経験は「ほんものの失敗」**です。この人たちは未来のヒットメーカーになります。

というわけで、このようにして「やめるフラグ」がすべて立ち、私は部長でなくなりました。色々書きましたが結局は「運が良かった」「人に恵まれた」これに尽きると思います。みんなのおかげで私は自由に新しいチャレンジができる。

**フラグが立つ**
ゲームにおいて、ある特定の事象が起こるために必要な複数の条件が揃うこと。

一つの肩書きだけで仕事をする時代は終わりました。
厳密には、肩書きの内容が時代とともにかなり変わった。

この感覚を証明するために、先行突撃するフェイズがいよいよ始まりました。これは大きなエンタメ企業の部長という肩書きで仕事ができるチャンスに恵まれたからこそ、今の私に備わった考えや視点とも言えます。その点でも私はラッキーですから、もらった幸運を生かして誰よりも自由に楽しく暴れてみせますね。

## 起業してわかった、おいしいサラリーマンの仕事の仕方（安藤）

ここで「お金の話」をしましょう。特に私は近年会社を退職して起業したため、サラリーマンクリエイター時代からの身辺の変化を通じて、様々に思うところがありました。

以前とあるトークイベントでＡｉｍｉｎｇの椎葉忠志社長とご一緒させていただいた折に、参加者からこのような質問が飛びました。

「起業したいと思っている若者に何かアドバイスをいただけますか？」

椎葉さんの答えは、気持ちの良いくらい明解なものでした。

### 「無理ゲーだから、やめておけ」。

横でその助言を聞いていたのにもかかわらず、のちに私は会社を辞めて起業してしまったわけですが、その言葉が身にしみる毎日と格闘しています。

**まさに無理ゲー**。人、モノ、お金に関する乗り越えないといけない課題はさ

**無理ゲー**
攻略することが無理というほど難度の高いゲーム。

っそく山積みで、サラリーマン時代の比ではありません。皆に迷惑をかけながら、なんとかこなす日々です。**これらの課題を「ゲーム攻略」と思うことにして、楽しみながらやっています。**

「無理ゲー」になる原因は私の場合、一人で未体験の仕事に取り組んでいるからです。それにしても**会社というのは、現場が気持ち良く仕事に集中できるように、色々なことをサポートしてくれていたんだ**ということを痛感します。

具体的には、これまでゲームのプロデュースだけに打ち込んでいた時間を、税金を納めにいったり、事業計画書やバランスシートをつくったり、社労士や税理士や銀行の人たちと会って話したりする時間に費やしています。オフィスの椅子や机を買ったり、借りるオフィスの契約をしたり、コピー用紙、ゴミ袋、コーヒー、水、トイレットペーパーを買ったり……。

**今まで誰かがやってくれていた細かいことっていっぱいあるんだな〜**と思いながら、一度全部自分でやってみています。そこにプラスして、ゲームプロデュースと動画配信の生放送を最低週二回行うという日々を送っています。

こうなることはある程度予想はしていましたが、それにしても想像以上でした。**会社員クリエイターの人は、ものづくりに打ち込める環境が用意されています。**まずはこのシチュエーションを最大限生かすべきだと思います。**実は気づきにくいサラリーマンのおいしいところです。**

そして、当たり前のお話ですが、起業すると報酬が固定費から変動費に変わります。わかりやすく言うと**毎月の給料の振込みがバタッと止まる。**わかってはいますけど、九月に会社を辞めて、十月に給料の振込みがないのを確認したときにはシビれましたね（笑）。

つまり常に自分でなんとかしないと生きていけません。誤解を恐れずに書けばサラリーマンは、ある程度「無駄なこと」をしていても毎月お給料が振り込まれる環境にいます。これをぜひ、**新しいヒット作をつくるための「余裕」**として考えるべきです。

また、その会社に在籍していなければ携わることのできない仕事も間違いなくあります。スクエニで言えば『ドラクエ』『ＦＦ』などのプロデュース業務などは原則として社外の人にはできない仕事です。これらのタイトルは売れて当たり前。売れるスケールもパッケージゲームだと数百万から数千万本。売り上げにすると数百億円です。このくらいの規模を自らの「破産の心配なく」ぶん回せる仕事というのは、企業に所属するサラリーマンにしか体験できない醍《だい》醐味《ごみ》とも言えます。そうした新作ナンバリングタイトル（派生作品ではない本流の新作作品）が三百万本〝しか〟売れなかったら、それは失敗なのです。普通、三百万本と言ったらとんでもない売り上げです。ですが前作が四百万本以上売れていれば、それが基準となる世界があるのです。

競争が激しすぎるスマートフォンゲーム市場で次にナンバーワンを獲るためには、人と同じことをしていてはダメです。人から見て荒唐無稽と思われるくらいの独自行動をとった人が勝ちます。

かつて私はスマホゲームにネガティブな意見しか聞かれなかった頃、二〇〇八年に『クリスタル・ディフェンダーズ』をリリースして市場参入に挑みました。周囲が「スマホゲームなんて……」と後ろ向きでも、開発を続けていったのです。

今や完全なメジャーとなったスマゲにも、そのような時代がありました。そして未来にはまた新たなプラットフォームが現れることでしょう。その未来予測とアクションを、早々にできる者が次の覇権を握ります。

つまり**一見無駄と思われるようなことに投資した者が勝つのです**。そういっ

**『クリスタル・ディフェンダーズ』**
スクウェア・エニックスから二〇〇八年に発売されたディフェンス・シミュレーションゲーム。クリスタルを奪うモンスターの集団を攻撃し、進行を阻止する。プロデューサー・安藤武博。

**プラットフォーム**
ゲームを動作させるための機器やアプリの総称。また、ゲームコンテンツを提供するサービス。

た行動をとるときに、**固定給が必ず支払われている環境というのは強い武器になる**と考えてください。積極的にそういったことに業務の可処分時間を割くべきです。これがしやすいのが会社員のある種の特権だと起業した今、強く思います。これもサラリーマンのおいしいところなんです。起業すると、この余裕を獲得するためだけに、戦略を練る時間と行動が必要になります。

起業して経営を始めると、自分の報酬が増えて余裕ができるくらいなら、その余裕を良い人材を雇用したり会社の未来に投資しようというマインドになってきます。自分より会社、自分より社員。の考え方が強くなります。スクエニ時代、最も経営という言葉と縁遠かった私がこんなことを書くわけですから、今書いていて自分で自分にウケてしまいますが、会社を成長させていきたい経営者の多くはそのように考えているはずです。

その点においても**自分のためにお金が使える、未来のための無駄に投資ができる環境にある「サラリーマンのおいしいところ」をどんどんしゃぶり尽くしてほしい**。これからはそういう考え方の人がヒットを飛ばす時代だと思います。言われたことばかりしている、人の真似ばかりしている、一般的な会社のルールに縛られている……。このようになっていませんか？　それだとこれからは厳しいです。ぜひ一度見直す機会を作ってみてください。

## ＩＰを育てよう（岩野）

スクエニでゲームプロデューサーの仕事に就いてまもなく十年になる私ですが、仕事の経験を重ねるにつけて実感するのは**「お金をかければいいってもんじゃない」**ということです。

制限の中で作ることからコンセプトが明確になり、企画がぶれる可能性が低くなり、結果うまくいく確率が高まります。大きな予算、長いスケジュールのプロジェクトの場合、企画がぶれて方向性があっちこっちいきがちなのですが、その原因の本《もと》を絶つというのはプロジェクトをうまく進めるためにもいいことだと思います。

一方で、ゲームのリッチ化・高精度化のための開発費や、送客（顧客の誘引）のための広告宣伝費の高騰は必至。悩みの種になっています。もちろんお金をかけずに売れるゲームをつくることは今でも可能ですが、その難度は格段に上がっています。そのため、開発リスクは高まる一方なのが現状です。

そうした背景から今改めて注目したいのがＩＰです。ここでは多くのファン

ＩＰ
知的財産。Intellectual Propertyの略。ここでは作品を物語る登場人物やストーリー設定、世界観などを指す。

を持つキャラクターやコンテンツのことを「ＩＰ」と呼称します。例えば任天堂でいうと『スーパーマリオブラザーズ』がこれにあたりますね。また、漫画作品がゲーム化されたり、ゲーム作品が映画化されたりする際の作品そのものもＩＰです。ＩＰという言葉には、その作品のストーリーやキャラクターのみならず、場面設定や世界観までもの要素が含まれます。

直近のApp Storeの売上ランキングを見ても、ＴＯＰ30の中に10弱のＩＰタイトルがランクインしています。今後この流れは続きますし、二〇一五年には任天堂が自社ＩＰを活用したスマートデバイス向けのゲームをＤｅＮＡと共同開発することが発表されました。**任天堂のＩＰが加わり競争が激化する**ことを考えれば、さらにＩＰの重要性は増してくるでしょう。

ＩＰタイトルの強みは、何といっても多くのファンがついていることです。Ｆ２Ｐビジネスにおいては送客がとても重要ですが、タイトル数が膨大に増えた現状ではそれがなかなか難しい。そこで、すでにその作品にファンがついていることは大変なメリットになります。さらに世界観やキャラが確立しているので、素材の作成費用も抑えることができます。ファンからすれば**好きなキャラが出て嬉しい**、開発側からすれば**すでにある素材を活用できる**ということ

**『スーパーマリオブラザーズ』**
任天堂から一九八五年に発売されたファミリーコンピューター用ゲーム。

**F2P**
基本無料でプレイできるゲーム。Free-to-Playの略。

で、非常に効果的です。

しかし、そんなＩＰタイトルもメリットばかりではありません。ＩＰを外から借りようとすると利用料が発生しますし、そもそも大きなＩＰともなれば借りること自体難しい。また、作業面においては監修を通す作業が発生してスピード命の市場において、なかなか苦しい運営を迫られます。よって、個人的にはよっぽどそのＩＰに思い入れや成功の見込みがない限り、外からＩＰを借りようとは思いません。

売れる算段はつけやすいが、取り扱いが難しい。そんなＩＰタイトルですが、**借りるのが難しければ自分で作り育てればいい**、そう私は考えます。自分で作ってしまえば右記のデメリットは一切無くなりますからね。

本来ＩＰを作り育てるというのは簡単なことではありません。非常に難しいです。しかしだからこそ、今がチャンスだとも思っています。特に、いわゆるソシャゲやスマホゲームでオリジナルタイトルをヒットさせた経験のある会社や人たちにとっては、より可能性が高い状況だと思います。

今やスマートフォンはどこのプラットフォームよりも多くの人の目に触れていて、この分野でのヒットは他のプラットフォームでのヒットよりも人数的な

**運営**
ゲームにおいて、発売後も継続してプレイヤーに対して行うメンテナンス全般。

**ソシャゲ**
ソーシャルゲームの略。ＳＮＳ（ソーシャル・ネットワーキング・サービス）上でプレイするゲーム。プレイヤー

同士が交流する要素の強いことが特徴。

規模が大きい。

言うまでもなく、IPをIPたらしめているのは多くのファンであり、ユーザー数の多いプラットフォームであればあるほどファンを獲得しやすいのです。そんなスマートフォン市場でヒットを出せば、ファンの中に、世界観・キャラが思い出となって残ります。それがそのタイトルの次の一手に生きてくるのです。**世界観やキャラが濃い作品であれば、よりIPが育つ可能性が高い**。だから我々は世界観・キャラを重視します。

**IPを育てるには……**

では具体的にはどうやってIPを育てていくか。まずファン数を維持・拡大する必要がありますが、そのためには**「話題を提供し続け」「ファンの興味と熱量を維持し高める」**ことが大事です。安藤さんと私が手掛け、二〇一二年に配信・運営を開始した『拡散性ミリオンアーサー』からの事例を交えてその方法を紹介すると、このような感じです。

■ファンイベント、大会などのオフラインイベントの開催↓ファンイベントである「御祭性《おまつりせい》ミリオンアーサー」の開催

■メディアミックス展開↓漫画化、実写化、キャラソン、グッズなど
■派生・続編タイトルの開発↓『唯一性《ゆいいっせい》ミリオンアーサー』『乖離性ミリオンアーサー』『ミリオンアーサーエクスタシス』など
■海外展開↓東アジアを中心にゲーム運営を開始
■新たなジャンル、プラットフォームへの展開↓『拡散性ミリオンアーサー』のＰＳＶｉｔａ版、３ＤＳ版を展開

『拡散性ミリオンアーサー』をリリースして五年が経とうとしていますが、その間一年に一本ペースで関連タイトルをリリースし、その間を埋めるようにオフラインイベントやメディアミックス展開を行ってきました。ただ、ファンの興味を途切れさせないためにも、本来なら月一で何かしらの話題を提供したいと思っています。継続させることは重要ですが、旬などもありますし、スピード感をもってやれればさらに効果的ですからね。そんなわけで、スマホゲーム業界においては右記の展開を大体一番早く行っていたと思います。

『御祭性ミリオンアーサー』


**ＰＳＶｉｔａ**　PlayStation Vitaの略称。ソニー・インタラクティブエンタテイン

さらにこれからの話ですが、個人的にはオフラインイベントにもっと注力したいと考えています。例えば『ラブライブ！』などはライブイベントが行われていますが、**ファンイベントなどのリアルで作る熱量**というものには、凄まじい勢いがあるんです。そこに参加したファンは、タイトルに対するモチベーションがグッと高まり、さらには「このタイトルはワシが育てた」という感情が芽生えます。**作り手とファンが一緒に育てているという感覚**が、ファンの気持ちを盛り上げるのです。そうなると、そのファンはよりタイトルを盛り上げようという気持ちになり、友達に布教したくなる。そうやってファンの数が拡大していく。

また、ファンイベントとは違った意味合いで効果的なのが「大会」です。大会で勝つことにモチベーションを持っているファンは、そのために日々のゲームを頑張る。その中で課金をする機会も増える。そうやって大会をきっかけにタイトルの売り上げが上がる。他社の事例なのでタイトルは伏せますが、とあるＰＣオンラインゲームでは、**大会を開催する前は月五千万円以下だった売り上げが、大会を行うようになってから月数億を叩き出した**と聞いたこともあります。

メントから二〇一一年に発売された携帯ゲーム機。

**3DS**
任天堂から二〇一一年に発売された携帯ゲーム機。裸眼で３Ｄゲーム映像を見ることができる。

**メディアミックス**
商品を宣伝・拡散させるために様々なメディアを活用すること。

**『ラブライブ！』**
アスキー・メディアワークス、ランティス、サンライズによって企画され、二〇一〇年よりメディアミックスで展開された作品。

実は、『乖離性ミリオンアーサー』に協力・対戦といった要素が加えられるつくりになっているのも、「オフラインイベントを盛り上げられるゲームをつくりたい」という思いがあったからです。これから私がつくっていくゲームもその思想がベースになるでしょう。今後オフラインイベントの重要性は間違いなく上がります。Ｆ２Ｐのゲームは運営が命なので、こういった視点からゲームをつくるのもアリなんじゃないかと思います。

## アニメ化はＩＰ育成の王道

また、よくアニメ化がＩＰ強化の王道のように思われがちですが、実はこれにはかなりリスクがあります。

■数億規模のお金がかかる
■ちゃんとしたものをつくろうとすると二年はかかる
■ファンの求めていない方向性だったり、クオリティが低いものになったりすれば、逆に勢いが落ちる

■人によってはタイトルから離れるきっかけになる

特にゲーム原作は、漫画や小説原作と違って世界観や物語がゲームファン向けに調整されているので、はじめからメディアミックス前提でつくられたものでない限り、素直にアニメ化してしまうとアニメファンにウケないものになってしまいがちです。そうなると**新規ファン獲得のためのアニメ化なのに本末転倒**です。重要なのは新規ファン獲得。であれば別にアニメ化でなくてもいいわけです。『実在性ミリオンアーサー』は、だからこその実写化でもあったわけですね。

ちなみに私はアニメ化に懐疑的なわけではなく、むしろぜひやりたい！　やりたくてやりたくてしょうがない！　でもそれ以上にＩＰをちゃんと育てなくてはいけないという思いがあるので、ちゃんとした体制で最適なものをお届けできる状況を作ろうと思っています。

そのようなわけで、改めてこれからはＩＰを育てていくことが重要、ということを言いたいです。新しいものをつくるよりも、**すでに結果を出しているものを育てていった方が遥《はる》かにリスクは小さい**からです。開発費・広告宣伝費が高騰している今だからこそ、よりＩＰを育てる意識を高めたいですね。

**『実在性ミリオンアーサー』**
二〇一四年十月～一五年三月にかけて放送されたテレビ番組。ミリオンアーサーシリーズの実写版で、出演者はすべて女性。バラエティー番組スタイルの、歌ありドラマありギャグありという内容。製作総指揮・安藤武博。

## 制作費が二億円を超えそうなときに読む話（安藤）

ゲームの「おもしろさ」は情報によって理解するものではなく、**「体験」**によって理解するものです。以前、岩野さんがゲームのライブイベントに行き、「ライブっていいなぁ」ということを言っていたので「それ、ミリオンアーサーでもできへんかな」と答えたのですが、今思えばそれがテレビドラマ『実在性ミリオンアーサー』制作のきっかけの一つとなりました。

『実在性ミリオンアーサー』は、私に以下の「体験」があったため、うまくいきました。その年と、実際の仕事内容も記します。

・実写ゲームの制作体験があるため、実写でバリューが出せることを理解していた（二〇〇〇年）
↓プレイステーション用ソフト『鈴木爆発』制作
・ＴＶ番組制作を体験していたため、座組みを理解していた（二〇〇五年）
↓ＴＶ番組『ヘビメタさん』制作

**実写ゲーム**
実際に撮影した動画や写真をプレイ画面に用いたゲーム。

**『鈴木爆発』**
エニックス（現スクウエア・エニックス）か

・過去作を一緒に作ったことで人脈（ＩＬＣＡ）ができていた（二〇〇五年）
↓プレイステーション2用ソフト『ヘビーメタルサンダー』制作
・委員会を組成して費用を効果的に執行できるスタッフが入社（二〇一三年）
↓バンダイナムコゲームスより、広野啓プロデューサー入社
・女性キャストによるドラマ＆歌を中心にしたエンターテインメントのバリューを体験していた（二〇一四年）
↓宝塚観劇を週一回必ず行った

それぞれのトピックだけ取り上げると大失敗したものもありますが、実体験の組み合わせで新作のアイデアが生まれるのは間違いありません。十五年前、十年前の体験が現在に交錯してヒットするわけですから、エンタメは**負けても勝つまで続けるべき**です。勝ってもまた負けますが、それでも勝つまで続ける。これの繰り返し。

それぞれの体験が、うまくつながらずにヤキモキすることが若いうちは特にあると思います。**体験と失敗に無駄打ちは一つとしてありません。**くさらずに挑戦していけば、「自分の予期せぬタイミング」でいいことがありますからね。

ら二〇〇〇年に発売された爆弾解体ゲーム。プロデューサー・安藤武博。

**『ヘビメタさん』**
二〇〇五年にテレビ放送された音楽バラエティー番組。ゲーム作品『ヘビーメタルサンダー』の宣伝拡散のために製作された。

**ＩＬＣＡ**
株式会社イルカ。ＣＧ映像制作会社。

**『ヘビーメタルサンダー』**
スクウェア・エニックスから二〇〇五年に発売された「人生を格闘するゲーム」。ヘビメタ振興都市・はがね町の中学生がロボットレスリングの死闘に挑む物語。プロデューサー・安藤武博。

そこでこれまでに培った体験を生かすためにも、制作費用について意識することが重要です。ゲームのサービス開始までの制作費用の相場は一億五千万円から二億円。二〇一四年に配信を開始した『乖離性ミリオンアーサー』は相場以上にかけました。実際その領域に踏み込んでいる方も多いのではないでしょうか。自分の手掛けるプロジェクトの予算がはじめて二億円を超える場合、その前に一度よく考えてみてほしいのです。**「このプロジェクトは本当に、そんなにお金をかけなければいけないのか？」**と。

結論から言うと「お金をかければいいってもんじゃない」のです。

**高額な制作費用への過剰な不安は……**

ゲームのランニングコストはそのほとんどが人件費です。リッチなモデル、テクスチャ、モーション、マップ、背景、アニメ、ムービー、これらの物量をこなすアーティスト。それを動かすプログラマー。複雑になったゲームシステムを分担する企画者。これらの仕様をネットにつなげるエンジニア……。

高いクオリティのゲームをつくりこみ、差別化を図るには人数がいないと勝てない。ゲームがすぐに遊び尽くされないよう大量のアセットをつくらないと長く売れない。並行して新しい仕様もアップデートする必要がある。それにも

**アセット**
ゲーム動作や描写での部品に相当する素材。

やはり人数がいる……などと皮算用するとスタッフはどんどん増え、したがってお金もかかってしまう。このように足し算していくと、**あっという間にエクセル上での額面は二億円を超える**。いや、おそらく二億どころではなくなっているはず。

素直に「これ、高すぎないか?」「回収できるかめちゃくちゃ不安だな」と思っているとしたら、それは健全。絶対ドキドキする。全然不安でないとしたら、**「かかってしまうから仕方ない」と思い込んで思考停止になっている**可能性が高い。もしくはそのくらいの額面をブン回した経験があるか、事業計画の天才でしょう。

飲み会のワリカンが四千円から五千円になると、人は「高い」と感じるものです。購入しようと思っているマンションが四千万から五千万になってもやはり「高い!」となるでしょう。これが制作費用になると、**四千万から五千万は、「よくわからん」くなる**。四億が五億になるともう……**「まあ、かかるよね」となり**、人間って実生活で想像できる身の丈を超えたお金が動くと、思考停止状態になるんです。制作費用だと、分水嶺《ぶんすいれい》が二億から。

私がはじめて二億超えの企画を経験したのは入社して四年たった二十六歳の時（二〇〇二年）でした。プラットフォームがプレイステーション2になって、会社のプロジェクト全体がこの事業規模に突入していった時代です。物覚えが悪く、商売のセンスも無かった私は、今思い返すと先述の理由で思考停止になりました。クリエイティブには絶対の自信があり、起業と比べて極めてローリスクな、会社のお金を使ったサラリーマンプロジェクトとはいえ、それでも言いようのない強烈な不安が、発売されるまでの三年間常にありました。

どこかで「これだけお金をかけたから大丈夫だ」と自分を洗脳している部分もあったように思います。しかしお客様は制作費用の大小でゲームを選びません。あくまで手段として必要不可欠であれば制作費をかけても良いですが、費用の問題が少しでも制作クオリティーにおける安心材料になると負ける。**高額な制作費用への過剰な不安は、いつの間にかコンセプトを作り手の不安の解消へとすり替え、お客様へ良いゲームを届けるという目的から逸脱せしめる。**総制作費が売りになるプロジェクトがこれまでことごとく失敗してきたのはこのせいです。結果、それくらいしかアピールポイントが無いことの現れなんです。

ではどうしたらよいのか？　あえて制限を設けて、そこに立ち向かえば良いのです。今やスマートフォンのスペックは上がり、五億かけてもそれを受け止める性能があります。それでも**「人数をかけずにつくる」「お金をかけずにつくる」ことに、一旦カロリーを割いてみる**のです。色々なことをあきらめたり、たくさんの何かを削《そ》ぎ落としたりする必要が出ますが、選択と集中により新しいアイデアが出てきます。

身の丈以上のお金を使って不安と戦うより、**制限と戦った方がよっぽど良いゲームになる**。そして良い仕事になる。お金はかけないがクオリティーは上げる。一見、矛盾しますがコンシューマーゲームのクリエイターは常にこの命題に立ち向かい、解決をしてきました。それでも大規模プロジェクトにはじめて臨む場合、制限をクリアしてきたプロフィールがある人材をチームに入れる、もしくは相談してみると良いでしょう。

## 「安くて、はやくて、うまいのがモバイルゲームの良さ」

実例を挙げてみます。

スクエニが二〇一五年に発表したパズルアクション、『ホーリーダンジョン』の場合。

**スペック**
製品の仕様や性能。

**コンシューマーゲーム**
家庭用ゲーム機でプレイするゲーム。個人消費者がゲーム機器を購入するという原義の和製英語。ゲームセンターなどにゲーム機器が設置してある「アーケードゲーム」は対義語にあたる。

**『ホーリーダンジョン』**
スクウェア・エニックスから二〇一五年に配信されたパズルアクションゲーム。様々な能力を持つキャラクターを集めてパーティーを組み、ダンジョンを掘り進めていく。

ディレクターの時田貴司（代表作：『ファイナルファンタジーⅣ』『半熟英《ヒー》雄《ロー》』など）とプロデューサーの藤本広貴（代表作：『ワンダープロジェクトJ 機械の少年ピーノ』）はファミコン、スーパーファミコン、プレステ1、ニンテンドー64など、**制限と立ち向かわざるを得なかった時代を経験**したクリエイターです。

二十年選手が若手とタッグを組んで作り上げたもので、とても良い狙いを持ったプロジェクトでした。

費用、期間ともに〝意図的に〟設定された大規模プロジェクトではありません。

画面をタップするだけの簡単操作で、爽快に遊べる新感覚のアクションゲーム。プレイヤーは色々な能力を持ったキャラクターを集めてパーティーを編成し、様々な仕掛けやモンスターが待ち受けるダンジョンに挑んでいくという内容です。ストーリーは時田貴司氏、イラストは創-taro氏など、豪華制作陣による創り込まれた世界観も魅力のひとつです。

ポイントとしては、**彼らが大規模プロジェクトをすでに経験しており、その額面もブン回せる**ということ。あえて、そこまでお金をかけなくても面白いものを作って売れる……と言っている。この構造をわかった上で、それでも五億

**『ファイナルファンタジーⅣ』**
スクウェア（現スクウェア・エニックス）から一九九一年に発売されたRPG。FFシリーズ本編四作目。

**『半熟英雄』**
スクウェア（現スクウェア・エニックス）から一九八八年に発売されたリアルタイムシミュレーションRPG。

**『ワンダープロジェクトJ 機械の少年ピーノ』**
エニックス（現スクウェア・エニックス）から一九九四年に発売された育成シミュレーションゲーム。

**プレステ1**
初代プレイステーションの略。ソニー・コンピュータエンタテインメント（現ソニー・インタラクティブエンタ

かけないとお客様が喜ばないと判断したのであれば、そこではじめて、かけても良いのです。

スマートフォンゲームの業界は、一本ヒットが出ると市場から十億、五十億といったお金が調達できてしまいます。次のトレンドに対応できるかどうかは別にして、その時点で一タイトルでも売れていたら〝みなし〟でお金が集まる。十億調達したら三億のプロジェクトが三本、五十億集めても五億のプロジェクトが十本。実際はそこまで投下しないから半分だとしても、あっという間にそのくらいのお金はなくなってしまう。しかも、これからは三本作っても一本も当たらない。五本作ってもまだ当たらない。当たらないどころか作りきれずに途中で頓挫する。そういうことが普通に起こります。

今どきの人であれば、スタートアップ感覚で、はずれても返済義務もないし良い経験だと考える図太い人もいるかもしれません。簡単にお金が集まるのが異常なだけで、多くの人は**二億を超えて精神的につらいな**と思っている。今思っていなくても、続けて売れなければ精神を消耗して、やっぱり他のサービスでもやるかと退場してしまう。そのくらいのつもりでやっている人には、これからの時代ヒット作をつくるのは無理ですが、ゲームのおもしろさに気づいて

テインメント）から一九九四年に発売された家庭用ゲーム機。

**ニンテンドー64** 任天堂から一九九六年に発売された家庭用ゲーム機。

**ダンジョン** ゲームを進めるさいの舞台となる、入り組んだ構造の空間。原義は「地下牢」。

人生賭けるぞと思っている人が退場してしまうのはもったいない。
今だからこそ制限に立ち向かい、それでも費用がかかる場合は**お金と人の使い方を知っている経験者の知恵を借りる。**未経験者で突っ込む場合は、ダメでも、もう一度挑戦するチャンスを中長期的に会社がサポートする。そんな流れが必要です。

二十六歳当時の私は三年の苦闘の結果、**初の大規模プロジェクトで深刻な大赤字**を出しました。その当時、一現場の若者がどう考えたかというと「会社を辞めて別の仕事に就こう」と。こう真剣に思いつめていました。つらくて逃げようとしたんですね。その時、上司と同僚が**「辞めるな。続けろ。」と言ってサポート**してくれた。これがあったので十年後、運良くその赤字を数十倍の黒字にして返すことができました。ゲームビジネスは最低でもこのくらいのスパンで浮き沈みを判断するものです。

ハイエンド機でのトリプルAタイトルのゲーム制作に、もはや制限に立ち向かうという議論はほとんどなく、どのくらい壮大な絵を描いて、どれだけ大規模なプロダクションをコントロールするのかという世界になっています。相手

**ハイエンド機でのトリプルAタイトル**
高性能なゲーム機でプレイする、高額な予算

に勝つには、もはや人と時間とお金をかける以外の選択肢が無いのです。

スマートフォンのアプリはまだ、こういったチキンレースに参加する必要はない。安くて、はやくて、うまいのがモバイルゲームの良さです。**粘れるところまで粘りましょう**。その上でどうしてもというときに大規模プロジェクトをやりましょう。でないとほとんどの会社が死にそうな目に遭います。百億くらい簡単に消し飛んでしまう。

良いゲームを良い人材でつくり続けるために、費用に対しての意識をどう持つか。これは他の業種にも通じることなのではないでしょうか。

これがないと勝つまで続けられない。続けることこそが、明確なヒットのメソッドですからね。

を投入して作られる大規模な作品。

## 売れるゲームには「カタルシス」がある（岩野）

売れるゲームと売れないゲーム、そこにある違いはなんでしょうか。それはずばりおもしろいかどうかです。これだけだと「なんだそりゃ……」なのでもう少し具体的にいうと**「カタルシスを感じられるか否か」**。売れるゲームには必ずカタルシスを感じる部分があります。ゲームを通じて味わう「新体験」——そこにはカタルシスの存在が不可欠となるのです。

「カタルシス」とは、元は哲学用語で「魂の浄化」という意味を示します。辞書には次のようにあります。

**カタルシス**

①悲劇などを見て恐れや悲しみを味わうことによって、心に鬱積したしこりを取り除き、快感を得ること。精神の浄化作用。▽アリストテレスの用語。

②（精神分析で）抑圧されている感情・記憶・観念などをことばや行動で外部に発散することによって、それらから解放されること。また、そのため

の精神療法の技術。浄化法。

（『集英社国語辞典　第三版』より）

エンタメ業界では頻繁に使われていると思いますが、**私の場合は「感情が昂《たか》ぶって脳汁が出る瞬間」**という意味で使っています。

そもそもエンタメとは人を楽しませるものです。楽しいと思う時ってどういう時でしょう？　「おもしろい！」「かっこいい！」「かわいい！」「感動した！」「笑える！」などなど、一言で言ってしまうと**感情が昂ぶっているとき**なんです。つまり、その瞬間はカタルシスを感じているんです。だからカタルシスがないものはエンタメではないし、よって売れない。

では、実際売れているゲームのカタルシスを感じるポイントとはどこにあるのでしょうか。スマホゲームでいくつか例を挙げてみます。

■『**モンスターストライク**』

・コンボや必殺技が決まって大ダメージを与えた瞬間
・さらに思いがけないコンボが決まった時すら、あたかも自分の腕の良さで決めてやったと思えてしまうところ
・みんなと協力して強力な敵を倒した瞬間

**『モンスターストライク』**
略称は『モンスト』。mixiから二〇一三年に配信開始されたファンタジーRPG。モンスターを収集・育成し、敵にモンスターボールを当て攻撃する。最大四人と協力プレイできる。

**コンボ**
格闘時にプレイヤーが連続攻撃すること。

■『剣と魔法のログレス　いにしえの女神』
・必殺技などで大ダメージを与えた瞬間
・自分の役割をこなした時
・みんなと協力して強力な敵を倒した瞬間

■『乖離性ミリオンアーサー』
・戦略やコンボが決まって大ダメージを与えた瞬間
・自分の役割をこなした時
・他プレイヤーとの連携が決まった時
・みんなと協力して強力な敵を倒した瞬間

それぞれまだまだ細かいものがあると思いますが、結構共通点がありますね。さらに最近協力プレイものが売れやすいのは、協力プレイがカタルシスを盛り上げる一因となっているからです。**達成感の共有**だったり、**「どやぁ」的感情**が芽生えてさらに気持ち良さを味わえたりするのが、ソロプレイオンリーのゲームとの大きな違いです。

**『剣と魔法のログレス いにしえの女神』**
Aimingが開発、マーベラスが二〇一三年から運営する同時参加型RPG。

**ソロプレイオンリー**
他プレイヤーとの協力プレイをせずに、一人

## 売れるゲームの課金とは

いうまでもなく売れているゲームの課金は、カタルシスを加速させるものになっています。決してストレスを軽減したりするためのものではありません。ストレスを軽減するように思えるものも、本質的にはカタルシスを味わいたいのにすぐに味わえない状況を解決しているだけにすぎません。

ここを勘違いして、課金＝ただストレスを軽減させるものにしてしまうと売れません。それではお客様は何もおもしろくありませんよね。おもしろさ、つまり**カタルシスをもっと得たいから課金をする**のです。

## カタルシスを加速させるのは「演出」

おそらくお気づきのことと思いますが、「必殺技などで大ダメージを与えた瞬間」という部分は、どのゲームにもあります。でも売れないゲームのそれにカタルシスは感じません。なぜか。それはそもそものゲーム性の違いが前提にあるものの、**「カタルシスの連鎖」「テーマ」「演出」**が大きく差をつける一因になっているからです。

「カタルシスの連鎖」とは私が自分用に作った言葉ですが、要するに**カタルシ**

だけで遊ぶこと。

**スが幾つも結びつき重なって、より感情の揺さぶりを大きくする仕掛け**です。例えば『乖離性ミリオンアーサー』のバトルシーンでいうと、「強力な効果×他ユーザーとのコンボ×大ダメージ×みんなで達成×役割を全《まっと》うした」というもの。**ひとつひとつのカタルシスをつなげて、大きなカタルシスを作り上げる**のです。格ゲーのカタルシスってコンボをつなげて大逆転！ みたいなところがありますよね。あれと同じです。小さなカタルシスもつなげていけば大きなものとなり、感情をより昂ぶらせるのです。

**「テーマ」とはゲームの顔、つまり「カタルシスを予感させるもの」**でもあると思います。これは他分野の作品についても同じことが言えます。

例えば**漫画や映画を選ぶ際、タイトル名やキービジュアルで選ぶ**ことがあるでしょう。良いコンテンツはタイトル名やキービジュアルが秀逸です。単純に言葉が格好いいとか絵がいいとかではなく、テーマがわかりやすくアピールされているのです。お客様はそのコンテンツのテーマを知った際に**「こういうテーマなら、こういうカタルシスがあるに違いない」という期待感**を抱きます。それをきっかけにそのコンテンツに触れようと思う。だからテーマが浅いものはその時点で見向きもされませんし、テーマがしっかりしているものはプロモ

**格ゲー**
格闘ゲームの略。

**キービジュアル**
作品において、キャラクターのみならずストーリー性も表現したイメージ画像。

ーションにお金をかけなくても人が集まりやすい。結果、売れる確率が高まります。

そして「演出」。演出については単純にカタルシスを加速させるものです。例えば『乖離性ミリオンアーサー』でいうと、レア度の高いキャラの必殺技を撃った時のみ3Dの演出が入りますが、これは**「強力な必殺技で大ダメージを与える」というカタルシスを加速させる狙い**があります。

また、OP（オープニング）ムービーについても、テーマを見て予感したカタルシスへの期待感をゲーム冒頭でさらに盛り上げるものです。こういった演出によるカタルシスの加速は狙いが非常にシンプルですが、それだけに効果が高いのです。スマホはガラケーよりも格段に表現の幅が広い。だから**演出が得意なコンシューマーゲームを作っていた会社が勝てるようになってきた**とも言えます。

ここで触れておきたいことが一つ。最近3Dもののゲームが増えてきましたが、**「3D=最新でリッチに見えるから売れる」と思ったら爆死します**。ただ3Dにするだけでは何の優位性もありません。逆に、容量を食う、動作が重くなる、見づらい、といったデメリットの方が目立ってしまいます。少なくともスマホゲームに関していうと、3Dはあくまでカタルシスを加速する演出としてのみ捉えた方がいい。だから『乖離性ミリオンアーサー』では、2Dと3Dのハイブリッドにしています。

例えばガチャガチャから出てくるカード商品や、バトルする敵は2Dイラストにする一方で、注目させたいボスなどの特別な敵は3Dにして見た目のインパクトを与えています。2Dでも十分に魅力が伝わるものは2Dで、演出を派手にして見せたいところは3Dで、と混在させることによって、容量や動作性に負荷をかけずに3Dがより際立つという狙いなのです。

ただし例外もあります。『スクールガールストライカーズ』はゲーム全編を通して3Dキャラがグリグリ動きますが、先述のデメリットを技術の力で解決し、**3Dのいい部分のみ見せることに成功しています。**自社のタイトルのこととはいえ、これはなかなかできないすごいことです。

以上、「カタルシスの連鎖」「テーマ」「演出」と、カタルシスをより盛り上

**『スクールガールストライカーズ』**
スクウェア・エニックスから二〇一四年に配信された新感覚ラノベスタイルRPG。

げるための三つの要素について説明しましたが、レッドオーシャンとなったスマホゲーム市場だからこそ、これらの重要性は今後さらに高まってきます。

**レッドオーシャン**
競争の激しい市場。

### 大事なのはタイミング

カタルシスを感じさせる上で、まだ大事なことがあります。それは**カタルシスを、どのタイミングで感じさせるか**です。エンタメ作品にはカタルシスがあるべきと言いましたが、そのカタルシスを感じさせるタイミングは分野ごとに適したタイミングがあります。

あくまで受け手視点でいうと、例えばアニメや漫画なら、一話ごとに最低一つあるとベストで、後半に最大のカタルシスを持ってきて、**満足感とともに次回への期待値を高められる**と嬉しい。『魔法少女まどか☆マギカ』でいうと三話のマミさんの予想外だったシーンや、八話のキュゥべえがある真実を明かすシーンなんかは、もうカタルシスをバンバン感じて続きが気になりまくりになりました。

**『魔法少女まどか☆マギカ』**
Magica Quartet原作のアニメ。人類の敵と戦う魔法少女たちの運命を描く。二〇一一年に全十二話で放送。

スマホゲームの場合はどうでしょうか。三十分視聴するアニメや腰を据えてプレイするコンシューマーゲームと違い、**スマホゲームのプレイ時間は大体十分前後**。ライトユーザーならもっと短い。だから**少なくとも二、三分（1クエ**

**クエスト**
プレイヤーに課せられる任務。単位としても用いられる。

**スト）でカタルシスを味わわせる必要があります。**こういった部分はゲームプレイの特性だけでなく、ゲームサイクルや課金との絡みまで熟知した、いわゆるスマホゲームの文法を押さえている人間が考えた方がいいでしょう。

こうやって考えていくと、スマホゲームの文法とカタルシスを出すことの両方を押さえていないと、ヒットを生み出しづらいことがわかってきます。ただ、これは従来のゲームづくりに近づいてきただけであって、ゲームクリエイター的にはとても健全なことだと思います。「ゲームをつくる」あるいは「エンタメをつくる」という意識で挑めばヒットに近づけると思います。

また、**似たようなゲームをつくって売れていた時代の成功体験にとらわれていると前に進めない**ので、そういったものはすべて捨てましょう。**成功体験ほど人をダメにするものはないですから。**

会社ごとの得意不得意がはっきりしている状況ですから、今後益々会社間のコラボも増えてくると思いますが、役割分担をきっちり決めておかないと散々なことになるので注意が必要です。

逆に言うと、**ちゃんと得意不得意を補完しあえる体制でのコラボ**なら次のヒット作が生まれる可能性は高いでしょう。ライバル同士ではあれども、業界全体で協力しておもしろいことを仕掛けていきたいですね。

## 「〝犯人はヤス〟探し」であなたの仕事はグッと引き立つ（安藤）

最近のゲームのプランニング（企画）を見ていると、配信開始後の運営でイベントを予定通りにこなすなど、うまく**「サイクルを回す」ことばかりに意識がいっているものが多い**ように感じます。一昔前はサイクルが回らないようなゲームもありましたが、運営型のゲーム制作に各社慣れてきた昨今、これらが回るというのはもはや当たり前の事です。

しかしながら、システムやサイクルばかりに気をとられているプロジェクトが増えています。つまり全体的に遊ぶ方から見ると没個性的な「似ているものばかり」で、**クリエイター側はリスクを取らずに「置きにいっている」企画ばかりつくる**という状況。このままではお客様に飽きられてしまうし、せっかくつくったゲームも埋もれて目立たず、結果売れない。という事になります。

ここでは、**これからそうならないための〝心がけ〟**について書きたいと思います。話は、そもそも運営型のゲームをつくる以前に、ゲームクリエイターはどのようにつくっていたかを振り返ることから始めましょう。

振り返りには、タイトルにもあるように「犯人はヤス」を生み出したクリエ

**運営型のゲーム**
オンライン接続されたり、アップデート・課金されたりすることで「ゲームを始めたあと」の運営方法が重要になる種類のゲーム作品。

イター堀井雄二さんに直接お伺いしたお話を引用したいと思います（以下『ポートピア連続殺人事件』の犯人ネタバレがありますので注意してください）。

「犯人はヤス」とは、一九八三年に堀井さんが企画、グラフィック、プログラムのすべて（！）を制作されたアドベンチャーゲーム『ポートピア連続殺人事件』の真犯人が、プレイヤーの相棒・真野康彦：通称ヤスであるという、あまりにも有名な衝撃のラストのことです。この展開があまりにも有名になりすぎたため、この手のトリックはゲームでは普通に通用しなくなったり、他の作品でも犯人がわからないときにはとりあえず「犯人はヤス」と言ってしまったり……。それほどのインパクトを持ったアイデアでした。**三十四年前のゲーム体験がいまだに語り草になっているのです。**

これからは運営型のゲームにも、こ

『ポートピア連続殺人事件』のヤス

**堀井雄二**
一九五四年生まれのゲームクリエイター。『ポートピア連続殺人事件』ののち一九八六年に『ドラゴンクエスト』を発表。ドラクエ生みの親として知られる。他のゲーム作品に『北海道連鎖殺人　オホーツクに消ゆ』『軽井沢誘拐案内』『いただきストリート』シリーズなどがある。

**『ポートピア連続殺人事件』**
エニックス（現スクウェア・エニックス）から一九八三年に発売されたグラフィックアドベンチャーゲーム。

のような「アイデア」が必要になります。いや、**あらゆるゲームは今も昔もこれらのアイデアが無いと売れない、目立たない、残らない**、といっても過言ではありません。

こういったアイデアの着想の仕方を伺ったところ、

**「プレイヤーにどのような体験をしてもらいたいか」**

**「その体験がワクワクするものであるか？」**

を考えるところから、堀井さんはスタートされたそうです。まず一番伝えたい、体験してもらいたいアイデアを思いつくのが最初。その後に、そこに向かってその他の部分をまとめていく。サイクルやシステムが回るかは後の話なのです。

これは宮崎駿監督が、作品で一番描きたい、伝えたいシーンをまず一枚の絵に描いて、それに肉付けしていくやりかたにもよく似ています。『崖の上のポニョ』は、ポニョが海の上を走りながら宗介を追いかけるシーンを描くことからスタートしている。その様子がテレビのドキュメンタリーになっていましたね。

**『崖の上のポニョ』**
スタジオジブリ制作・宮崎駿監督・二〇〇八年公開のアニメ映画作品。

堀井さんのゲームには「犯人はヤス」以外にも、『軽井沢誘拐案内』での「写真をつかったトリック」、『ドラゴンクエスト1』の「もし　わしの　みかたになれば　せかいの　はんぶんを　＠＠＠にやろう」、『ドラゴンクエスト3』の「おうごんのつめ」、『ドラゴンクエスト5』の「花嫁選び」などなど……四半世紀以上たってもなお、思い出せる体験が必ずあります。

そういった体験が、今つくっている、発想しているゲームにあるかどうか？一度考えてみてください。運営型のゲームに限って言えば、まだまだ少ないような気がします。

これまではサイクルを磨き上げる＝あらかじめ決められた予定やイベントの内容を洗練させることで、そのような体験が提示できていたかもしれません。**なぜならスマートフォンでゲームをすること自体、ガチャをすること自体、共闘すること自体が、新しく面白い体験だったから**です。ただし8bitの時代も家庭用ゲーム機でゲームを遊ぶこと自体が社会現象となりましたが、さまざまなアイデアも同時に続々と出ていました。

プラットフォーマーがソフトの販売価格をコントロールして、顧客は買い切りで商品を買っていた時代ですから、クリエイターはビジネスのことは考えず

**ガチャ**
ゲームで有利になるアイテムを、くじ引きのように当てる課金システム。ガチャガチャとも。カプセルトイが無作為に出てくる自動販売機・ガチャガチャが語源。

**8bitの時代**
一九八〇年代に使われていた8ビットCPU搭載マシンでプレイするゲームは、現在「レトロゲーム」の一つに数えられる。

**プラットフォーマー**
ゲーム機器などハードウェア製作会社や、ゲームSNS運営会社など、ゲームのプレイ環境を提供する側。

にものづくりに集中すれば良かった。ゆえに**アイデアが出やすかったという構造**もあると思います。

運営＆F２Pの時代になり、クリエイターもビジネスのことを考えないといけないようになりました。現在は「クリエイターがアイデアをつめこんだがマネタイズがうまくいかない」「マネタイズができる人がうまくつくったがアイデアが足りない」。一方で「制作運営費用がかさみ始めているので、攻めることができない」。閉塞《へいそく》の条件が揃ってしまっています。これを破壊して前に進まないとかなり危ない。

これだけたくさんの作品がリリースされた今、もはやシステムやサービスだけを磨き上げておけばお客様に響くというような時代は終わりました。

そもそもプレイヤーはゲームでしか経験できないものを求めています。たとえ基本無料であっても、暇つぶしであっても、運営型になってもそれは変わらないはずです。

これからは「マネタイズもアイデアも両立」しているものしか売れないのです。

そうするために、**作品に後年語られるほどの体験がつめこまれているか？**

**マネタイズ**
収益事業化。ここではネット上の無料サービスから収益をあげる方法。

いまいちどアイデアに注目してみてはいかがでしょうか？　私が組んできた一流の運営プロデューサーやディレクターたちは口を揃えてこう言います。

「ゲームがおもしろかったら、後からいくらでも売ります」
「ゲームがおもしろくなかったら、後からどうやっても売れません」

ゲームがおもしろいのは当たり前の話です。ここでのおもしろさは**「忘れ得ぬほどの体験」があるかどうか**に、置き換えて考えてみましょう。マネタイズでもサイクルでもなく、まずは「そこから」なのです。

ビジネス偏重の方は、ライバル過多で手詰まりの状況に活路が見出せるはずですよ。クリエイターはさらにアイデアを飛躍させてこの状況をアッと言わせる遊びを発想しましょう。常識を破壊してやるくらいの気持ちでちょうどいいと思いますよ！

## 打ち合わせや会議が増えたときの考え方（安藤）

仕事をしている人にとって**実働時間の多くを占めているのが、打ち合わせと会議**ではないでしょうか。Googleカレンダーや Microsoft Outlook、サイボウズなどの業務ツールの進化によって、打ち合わせや会議の設定とメンバーの招集が簡単になりました。スケジュールが把握しやすくなったので、空いているところにバンバン打ち合わせや会議が入る。空いているところを埋めないと不安な人もいますね。

**これを「昔に比べて情報の共有や決定がはかどって最高だし便利だ」と思っている人はヤバい。**

**これからは会議と打ち合わせの本質を理解できている人が勝ちます。**

会議と打ち合わせは増えたが、それらはほとんど無駄なものかもしれません。だとすると本来はしないに越したことはないのに、どうしてもしないといけない。なぜか？

ゲーム業界において起こるトラブルの原因は二つしかありません。**「コミュニケーションのトラブル」と「技術のトラブル」**です。技術のトラブルとてコミュニケーションのトラブルが発端であることがほとんどです。コミュニケーションが問題の元凶であるのは、チーム戦であるゲーム制作の宿命とも言えます。

ここでは、

**■打ち合わせ　↓　コミュニケーションを円滑にする場所**
**■会議　↓　決める場所**

と定義をしてみましょう。私はそう考えています。それ以外で打ち合わせと会議が設定されている場合は、まず無駄なのでは？　と思っていいと思います。

一方で右記のトラブルを防ぐためには、打ち合わせと会議の実施は必須でもあります。これからは打ち合わせや会議が増えたときに無駄を見つけることができる、**実施される意味合いをより理解できる人が、良いものをつくれる時代になります。**無駄と本質の見つけ方はいくつかあります。

打ち合わせ編

まず「コミュニケーション」とはどういうことでしょうか?

**・自分の考えていることを限りなく百%に近く相手に伝える「話す力」**

**・相手の考えていることを限りなく百%に近く自分に伝える「聞く力」**

この二つがやりとりされている状態のことです。百%に限りなく近くとありますが、これは、**どうあがいても「百%わかりあうのは無理」だというショッキングな事実を理解しないとコミュニケーションの本質に近づかない**ということを意味します。

百%は脳みそがプラグでつながって完全同期しているくらいの状態ですから、現代科学では絶対無理。言語や身振り手振り、文字や書類などのコミュニケーション手段は考えているよりもずっと未熟なものです。つまり自分の考えを完全に理解している他人はいない、**相手のことを完全に理解できる自分はいないという前提で考える必要があります。**

自分のことは自分にしかわからないくらいに考えるべきですし、伝えたつもりで伝えていないこと、わかったつもりでわかっていないことは実に多い。ゆえに**伝えすぎる、聞きすぎるということはない**と思ってください。積極的に伝えて、聞くことはとても良いことです。面倒くさがったり、プライドに邪魔されて恥ずかしがったり、相手との間に壁をつくったりしないでください。**伝えない、聞かないのは仕事をしていないと同義のことです。**これをしなくても仕事は進みますが、著しく品質が下がっていくことを覚悟してください。

次にコミュニケーションが「円滑である」というのはどういうことでしょうか？　簡単に言うと右記の**「聞く」「伝える」が行いやすい環境をつくる**ということです。

どれだけがんばっても百%にはならないわけですから、九十九%の残り一%がノイズとして積もっていくと、致命的なコミュニケーショントラブルになります。これを限りなくゼロにするために、頻繁に修正する自分と他人とをつなぐ伝えやすいパイプ、「ホットライン」を築く必要があります。

たとえば、定期的に「打ち合わせ」をする必要があります。私の場合、**より相手を知り、より自分を知ってもらうことが目的**です。そのあとに決議の要素が入って「会議」に移っていく場合もありますが、制作会社との定例は打ち合わせから入ることが多いです。

その目的のためには**一見、無駄に感じられる雑談が必要**な場合があり、私は打ち合わせの冒頭でまずこれをします。打ち合わせの本質を知らない人は雑談の間、退屈そうにしていますが、ここから読み取れることはとても多いのです。

例えば「このゲームはこのままだと売れない」「おもしろくない」ということは制作途中によく起こります。本当だったら思い切り意見を言うべきだけれど、売れない。おもしろくない。と言ったら相手が怒って言い争いが起こるかも…。めんどくさいから黙っておこう。となり、その部分の詰めが甘いまま完成を迎えるということは、割とあるのではないかと思います。発売後、案の定お客様にその部分を指摘されて「実は前から分かっていたんだけどな…。」みたいになることがある。

そんなとき、打ち合わせや会議で「モヤモヤしていることがあったら言おう」「それについて怒ったりしないこと」「細かくてもいいからなんでも正直に」と言ってあげるだけで、ずいぶんとトラブルの種が吐き出され、改善に向かうということがあったりします。

パブリッシャーとディベロッパーの関係において、こういったホットラインがなくても良いゲームが出来上がる場合があります。それはこちらが円滑なコ

**パブリッシャー／ディベロッパー**
ゲームを発売するのが

ミュニケーションをとっていない分、**主に開発会社のスタッフが、起こったノイズを全部引き受けてなんとか軋轢《あつれき》を解決してくれている場合が多いです。**つまり**プロデューサーがイケてないから、ディレクターとスタッフがまとまらない話をまとめてくれているだけ**です。プロデューサーはなんにもしていない。その分、開発が死ぬ思いをしているのです。

二十代の頃、私はこの状態を作ってしまったことがあります。プロジェクトの打ち上げで開発スタッフから（プロデューサーがコミュニケーションを円滑にしなかったため、ノイズが大量発生し、プロジェクトがガタガタになり、その火消しをするために死ぬ思いをした。ゆえに）**「お前を二回、本気で殺そうと思った。」と真顔で言われた**ことがあります。いまだに、まったく笑えない。コミュニケーションの意味、円滑な状態を作ることを怠ると普通に起こり得ることです。

**「他人と自分を理解するためのホットラインが出来上がっているか」**

これをよく覚えておいてください。これが出来上がっていれば、必ずしも多弁である必要もありません。コミュニケーションとは登場人物に応じてケース

パブリッシャーで開発するのがディベロッパーとなる。両方を兼ねる場合は通常はパブリッシャーと呼ばれる。

バイケースで作り上げていく、永遠に明確な答えの出ない、それゆえに挑みがいのある課題です。

## 会議編

ゲーム業界における無駄な会議を見分ける方法は簡単です。

**「お客様の方向を向いて話し合いや決定がなされているか」**

これに尽きます。いつの間にかお客さまやファンが置いてきぼりになっている会議が後を絶ちません。なぜか？　少し意地悪なことを書きますが、残念ながらすべての会社員がお客様の方を向いているわけではありません。**面倒なことはしたくない、前例のないことをしたくない、ルールを必要以上に気にする、相手の顔色をうかがう、怒られたくない**、そんな人は案外多いのです。

衣食住と関係のない娯楽産業の場合、最も避けられるべきは「飽きられてしまう」ことです。とにかくウケないことには始まらない。そのためには前例のないことやルールを改定・無視してでも、面倒くさいことをする必要がある場合があります。様々な立ち位置の人間が存在する企業において、唯一思想で統一することは人数が増えるほどに不可能。よって怒られてでも突破しないといけない、そうしないとスピードが出ずにライバルに出し抜かれるシーンがたびたび発生します。**実は会議がその足を引っ張っていることがよくあります。**

お客様を無視した、合意や確認や共有のための防御線が張り巡らされた結果、**「仕事のための仕事」が増えていく**ことになる。あわせてこれにまつわる会議も増えます。そういうものは、できる限りなくした方が良いです。

一方で、来《き》るべきときに発生するトラブルで一発即死しないように、懸命に守る仕事をしなければならない場合もあります。こういった**「有事に備えての仕事」は尊重すべき**だと思いますが、制作側の人間はこの場合、どこまで石橋をたたいて渡るべきなのか？　途中で橋が落ちたとしても誰よりも早く向こう岸に渡るべきなのか？　については、したたかに考えるべきです。バックオフィスのスタッフも、全力サポートで必死に守備の提案をしてくれているわけですから。

また、**本当に自分が出なければこの会議は決まらないのか？**　も見直すべきです。共有の手間が省けるので、メールのCC的にとりあえず出席してくれれば面倒くさくなくていいという理由や、誰まで声をかければ問題が起こらないか、後から**「おれは聞いてない」「なぜおれを呼ばない」問題が起こった時**の責任が持てないスタッフが会議のアテンドをしてくれている場合によく起こります。

情報共有は後からでもできます。絶対に自分が決めなければならない会議以外は、原則出席しなくてよいです。より正確な情報共有のために決める立場ではないが出席するというのであれば話は別ですが、結局**会議に出席しながらノートPCで他の仕事を（あたかも会議に真面目に出ているふりをしながら）する**のはかえって効率が良くないと私は考えています。皆さんもうすうすお気づきでしょうが、そういうの、バレてますからね（笑）。

無駄な会議や打ち合わせが減り、結果空いた時間をクリエイティブな作業に割くことができる。またその実施目的が芯を食っていると、よりお客さんが喜ぶ商品サービスに近づいていくでしょう。

**放っておくと人生の大半を無駄な会議と打ち合わせに使うことになります。**

すべての人間が死に向かって時間を消費しながら進んでいることだけは間違いのないことで、ゲームに時間を賭したのであれば、有限な時間をよりお客様が喜ぶことや自分が楽しめることに使うべきです。

業務ツールや会議、打ち合わせに貴重な皆さんの時間を殺されないためにも、一度真剣に考えてみましょう。「お客様が喜んでナンボ」を常にイメージしながら、しんどい打ち合わせや会議に立ち向かっていきましょう。

## プロデューサーとディレクターの違いについてよく聞かれるので明快に答えてみた（安藤）

ゲームプロデューサーというのはつかみどころのない職業です。「一人でも多くのお客様に楽しんでもらうゲームをつくる」という目標だけは共通ですが、それに至るまでのプロセスはまさに三者三様、十人十色。全員違うことをやっています。ここでは**プロデューサーの仕事内容を浮き彫りにすることで、ディレクターとの違い**について書きたいと思います。

左下の図にもあるように、プロデューサーとは、通常、一見習いプランナーからスタートした場合のクリエイターのキャリアにおいて「最終到達点の一つ」でもあります。

ディレクターがゴールになる場合もありますね。このため、とにかくチームにおいて偉い人がプロデューサーであると思っている方が多い。実際の職掌《しょくしょう》はディレクターだけれどもプロデューサーと名乗っているケースもよくあって、なんだかややこしい。では、この二つの職業の違いとはなにか？　はっきりと答えられる人は意外と少ないと思います。私も最初よくわかりませんでしたが、色々な経験を得た今、それぞれの職業の内容を次のように考えています。

**■ディレクター**
**「おもしろさに関しての最高責任者」**

**■プロデューサー**
**「売り上げに関しての最高責任者」**

かみ砕くと、ゲームが〝つまらなかった場合〟はディレクターの責任。ゲームが〝売れなかった場合〟はプロデューサーの責任。……となります。最高責任者とは最終的な責を負う人ですね。

したがって必ずしも偉い人である必要はない。**実際エニックスは、新卒の学生をプロデューサーとして採用するということを九十年代の初頭から十五年ほどやっていました。**私もその期間に採用された一人です。大学卒業直後で業界経験が浅い頃からプロデューサーと名乗っていた。

ただし指揮系統の構造からいって偉い人の方が、まとまらない話もまとめやすい。これもまた事実です。若いときはプロデューサーの肩書き

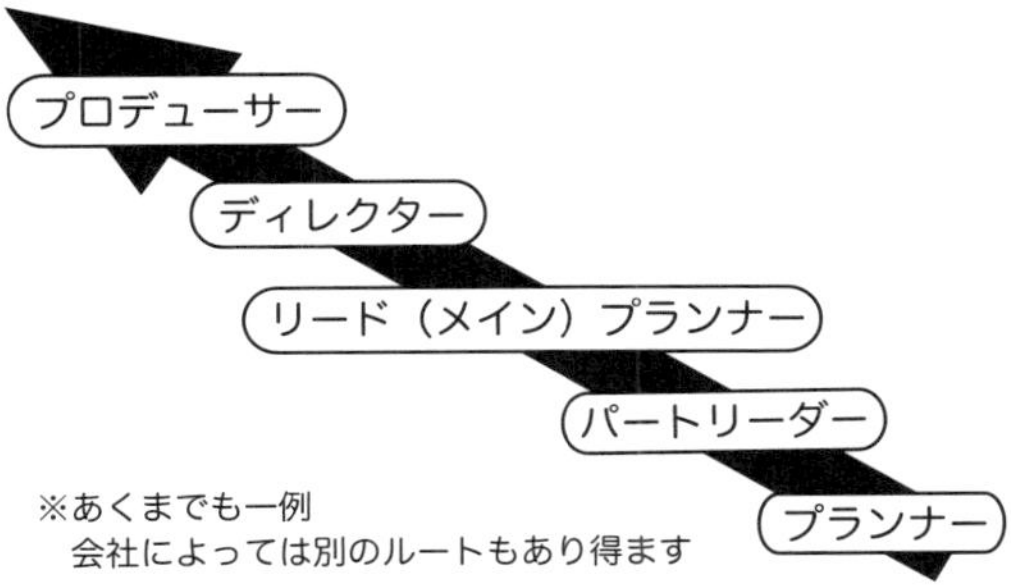


※あくまでも一例
会社によっては別のルートもあり得ます

だけあって、役職的には平社員だったため、指示を受ける人からの〈この人にはどれくらい執行権限があるのか?〉という認識が曖昧になることがたまにあり、それによって現場が混乱することがありました。

**ちなみに〝面白かった場合〟〝売れた場合〟は「みんなの手柄」です。** チーム戦で戦うゲーム制作において、手柄を独り占めすると、その後良いことはありませんので覚えておいてくださいね。

プロデューサーは売り上げを達成するために、

**「ヒト」・・・(クリエイター)**

**「モノ」・・・(ゲーム)**

**「カネ」・・・(予算・スケジュール)**

をコントロールしてチームを編成します。

ディレクターは、

**「カネ」「ヒト」・・・(制作上の制限)**

を頭に入れながらこの制作上の〝制限〟をアイデアによって〝可能性〟に変

えて最高の「モノ」を仕上げるのです。さらに私の考えですが、プロデューサーとディレクター。「両者の責任権限は不可侵である」と考えています。わかりやすく言うと、どういうことか？

**・プロデューサーはディレクターに「これはつまらない」とは言ってはいけない**

**・ディレクターはプロデューサーに「これは売れない」と言ってはいけない**

転じて、

**・プロデューサーはディレクターに「俺の考えの方がおもしろい」と言ってはいけない**

**・ディレクターはプロデューサーに「俺の考えの方が売れる」と言ってはいけない**

なぜか？

プロデューサーが「つまらない」と批判したディレクターを連れてきたのは、そのプロデューサーに他ならないからです。つまり、**ディレクターにつまらな**

**いと言ったプロデューサーは自ら「自分の目利きが悪い」と宣言しているのと同じなのです。**

ディレクターもこの人であれば売ってくれると見込んで組んだわけですから、プロデューサーに対して「それだと売れない」というのは同じく自分の目利きが悪いのを公言していることになります（実務経験上こちらのパターンは少ないですね）。

ただし**「これは売れる！」「これはおもしろい！」と思ったら互いへの賞賛は惜しまないようにすべきです。**

**プロデューサーとディレクターの兼務は可能なのか**

とはいえつくったものを途中で改善しなければならないタイミングは必ずやってきます。そういった場合どうしたらよいのか？　私はこう言います。

**「こうしてもらえればもっと売れます」**

**「このままだと売りにくいです」**

あくまでプロデューサーは売り上げの責任者であるという目線をブラしてはいけないのです。

よって、ゲームを売るためにお客様に「伝えやすいか？」「買いやすいか？」を基準にディレクターにオーダーを出す。**「おもしろいかどうか」は議論しません。**ディレクターがおもしろいものをつくるというのは、その人にオファーした時点で決まり。信頼する以外ないのです。

呼んできた後に「つまんないからもっとおもしろくしてくれ」というと「なんで俺を呼んだ」「じゃあ、お前がやれよ」となりますからね。

自分でスタッフをキャスティングしておらず、いつの間にかディレクターが決まっていた場合はどうか？　論外です。偶然に任せる以外にそのゲームがおもしろく、売れる確証はありません。それは配牌《はいぱい》が良くてたまたま役満を上がるようなものです。

とかく結果の出ないうち、若いうち、経験の浅いうちは「俺が人の分もやったる」など、「自分が自分が〜」になりがちです。またソシャゲバブルの頃は少数でゲームが完成できました。一人が複数パートを兼務することも多く、それでもプロジェクトが着地できる制作規模でした。

現在のようにほとんどコンシューマーゲームと変わらないプロダクションのスケールになった場合、**原則としてプロデューサーとディレクターの兼務は無理です。**

「売れるかどうか?」という〝ビジネス論〟と「おもしろいかどうか?」という〝クリエイティブ論〟。二つの相反するイデオロギー（理論体系）を同一人格に収めて、かつ矛盾を起こさない人は、よほどのスーパーマンです。

そういう優れた人もたまにいますけれども、人生を犠牲にして二人分働き、可処分時間のほとんどを会社にいて寝ずに仕事することになります。これはキツイ。スーパーマンであっても仕方なくそうなっただけで、本当は分けた方が良いと思っているはずです。

むしろ、そのくらい仕事ができるディレクターが優秀なプロデューサーと組んでそれぞれの職掌に専念できたときに、真のヒット作が生まれる可能性が高まります。**きちんと分担がされていないと思った方は一度チームメンバーのロールプレイを見直して、編成し直すべきです。**

また一方でゲーム業界には本物のプロデューサーが少ないのも事実です。さらっと見直してみろと書きましたが、スーパーディレクターとスーパープロデューサーが組む確率はかなりレアケースです。

なぜなら、ゲームはディレクションがイケているだけで売れてしまうことが多分にあるからです。

**ゲームがおもしろいこと自体が最強のセールスポイントになり、そのままそれがプロデュースワークになってしまう場合がある。**かなり多くのパターンでこれが起こるので、自ら仕掛けることができるプロデューサーがまだまだ少ない。「ヒト」「カネ」「モノ」、どこかで配牌に身を委ねる形……つまり「受け身」になってしまっています。

サラリーマンである場合は、「カネ」を完全にコントロールするのは難しい。本物のプロデューサーはサラリーを会社からの月給ではなく、自分でかき集めたプロジェクトの費用から獲る人です。私はこれをやりたくて起業したという側面もあります。これは日本のゲーム業界においてはまだまだ未知数。私もチャレンジ中です。

ですが「ヒト」を積極的にプロデュースして、最高の「モノ」を狙いに行くことはできます。そのためにプロデューサーは何を心がけるべきか？　追って述べることにします。

## 上司と真逆のプロデューサー論（岩野）

安藤さんの言う「プロデューサーとディレクターの役割と関係性」の、特にプロデューサーの役割について、**私は私で別の考え方を持っている**ので追記してみたいと思います。

私は以前は、安藤さんの部下としてプロデューサーをしていたので、そんな私が安藤さんとは違ったやり方でプロデュースしているというのも、プロデューサーは十人十色という意味でおもしろいかなと思います。

### プロデューサーはおもしろさについて議論すべき

まず、最初に標榜《ひょうぼう》しておくと、**私はおもしろさに関してディレクターや開発スタッフと議論するタイプのプロデューサーです**。例えば、『乖離性ミリオンアーサー』でも開発最終局面において、おもしろさの議論を重ねた結果、バトルルールをほとんど改修してからリリースしました。さすがにその時はギリギリすぎたので反省しましたが、今もその姿勢に変わりはありません。

プロデューサーとディレクターはそれぞれの責任のもと、それぞれの分野に不可侵であった方が理想かもしれませんが、こと現在のスマホＦ２Ｐ市場においてそれは限りなく難しい、という考えです。というのも、ご存知の通り**スマホF2Pは基本的に、おもしろさとしっかりしたマネタイズが両立していないと売れません。**しかしゲームのおもしろさとマネタイズをどちらも高レベルで押さえたディレクターは、そんなに多く存在しません。

ではディレクターはおもしろさだけを考えて、マネタイズはプロデューサーなり別の人が考えれば？　というと、それも難しいです。なぜなら、**マネタイズを考えるには、そのゲームの仕組みやおもしろさを理解していないといけないからです。**

よって、売ることに責任を持つプロデューサーは、売る（＝マネタイズを整える）ためにゲームの仕組みやおもしろさについて口を出さなくては、むしろいけないと思います。ただ、重ねて言いますが今のスマホＦ２Ｐにおいては、です。他のゲーム市場、分野においてはその限りではないかもしれません。私自身が体験していないことや、経験が浅い分野については言及を避けておきたいと思います。

ディレクターがマネタイズも調整しきれればいいのですが、実際のところ別の脳みそが必要なくらい、おもしろさとマネタイズの両立を考えるのは困難な作業なので、そう簡単にはできません。だから実績を重視し似たようなゲームが量産されたり、逆にゲーム性とマネタイズがかみ合わないゲームが生まれたりします。

**プロデューサーはノウハウがたまりやすい**

また、これは私のいるスクエニのように、社外の開発会社とタッグを組んで開発することが多い会社のプロデューサーに言えることですが、基本的にこのタイプのプロデューサーは、プロジェクトごとに様々な開発会社の方々と仕事をします。特にＦ２Ｐの場合は、リリース後も運営にスタッフが必要なため、続けて同じチームで新作をつくることが難しいです。というわけで**新しくプロジェクトを立てるたびにスタッフが代わり、それまでの経験やノウハウはそのプロデューサーにしか貯まらなくなります。**

ここはまさに社内で同じチームでつくるタイプのプロデューサーと違う点で、以前つくったゲームのノウハウを開発スタッフが変わるたびに共有しなくてはいけません。そのノウハウの一つがマネタイズだったりします。また、チームや会社が違えば当然それぞれいいところも悪いところもあり、成功経験と同時に失敗経験も多く得られます。失敗はしないに越したことはないですが、失敗したらしたで今後に生かすべきです。

特に、ここ数年はブラウザからのネイティブシフトや、コンソールゲーム開発会社のスマホＦ２Ｐへの挑戦など、開発におけるはじめてのことが多い時期でした。おそらくまだまだ慣れていない人や会社が多いはずなので、この先ももう少しこういった状態は続くと思います。

これはスクエニだけの（もしくは私が所属する部署だけの）やり方かもしれませんが、**オンラインゲームのプロデューサーは、元のゲームをつくる「制作プロデューサー」とそのゲームをリリース後運営していく「運営プロデューサー」の二種類に分かれています。**

制作プロデューサーはリリース後半年くらいはがっつり運営に入るのですが、徐々に運営プロデューサーにバトンタッチしていきます。私も制作プロデューサーの一人ですが、その性質上一つのゲームにがっつり関わるのは制作がスタートしてから大体二年前後で、かつ開発の時期をずらしながら二本くらい同時にプロデュースしています。

おそらくこのような形でプロデュースしているプロデューサーは、他の会社

**ネイティブシフト**
インターネットで接続してプレイするブラウザゲーム主体であったスマホゲーム市場が、ブラウザを介さずにプレイするネイティブゲーム主体になってきたこと。

**コンソールゲーム**
専用機を用いてプレイするゲーム。家庭用ゲーム機、アーケードゲーム端末を使うゲームを指す。

にも結構いるんじゃないかと思うのですが、こういった感じで仕事をしているとゲーム業界での他の職種の方よりも比較的ノウハウが多くたまりやすいです。

また、トレンドの変化が激しい市場なので、通用していたノウハウが通用しなくなることも多いですが、多くのプロジェクトを担当している分その変化にも敏感になります。つまり、ちゃんとその流れを読めていれば、過去の成功例に縛られて失敗するということを避けやすくなります。

## スマホF2Pゲームのプロデューサーの役割と価値

話を戻すと、そんなノウハウがたまりやすい立場であるからこそ、そのノウハウを伝える動きをしなくてはいけません。また、こういったノウハウは実体験を経てこそ生かすことができます。ただ聞いただけでは生かし切れません。だから私はそのノウハウを生かし切るために、**ゲームの仕組みやおもしろさの部分（マネタイズに直結するから）にも口を出します。**

ヒト・モノ・カネを揃えることはもちろんですが、こういった動きをすることもまた、今のスマホF2Pゲームのプロデューサーの役割であり、価値の一つとも言えると思っています。

よって、これはあくまで私の意見ですが、今スマホF2Pゲームをつくっている、もしくはつくろうとされているプロデューサーは、**経験をゲームづくりに生かすべくディレクター的思考を備えたプロデューサーを目指すべきだと思います**。というよりむしろ、極端な話、プロデュースもディレクションもどちらもできないと通用しないのでは、とさえ思います。

ただ、先述の通りおもしろさとマネタイズを一緒に考えるというのは特殊スキルでもあるので、プロデューサー以外の職種に就いていても、それをできる人がプロデューサーをやってもいいと思います。

一つ断っておくと、だからといっておもしろさの部分専門の人やマネタイズ専門の人がいらないということではなく、そういったことができる人や、彼らの意見をプロデューサーが整えていかなくてはならない、ということなので、開発スタッフにそこをしっかりと理解してもらった上で、役割分担することが大事だと思います。

# 第2章　ドラクエでもFFでもないアウトサイダーの集まり、「特モバイル2部」の教え

「ゼロからヒットタイトルをつくる」

――そう誓った、いやそうせざるを得なかった「特モバイル2部」には、はみ出し者ばかりが集まっていました。ゲームを出しては外す、また出しては外す、当たることを信じて。

そんななかで日頃考え、また実感したのは、これから述べるようなことです。ゲームづくりのプロセスを振り返ることで、自分たちのすべきことはおのずと見えてきました。

## 部門訓〝ヒットを狙うための三つの条件〟（安藤）

はじめに書いた通り、特モバイル２部では、なんとしてもオリジナルタイトルでヒット作を生む必要がありました。そのために私は、自分が経験したことを部下に伝えることに全力を挙げました。

その中から、私がスクエニの部長時代に特モバイル２部の「部門訓」としていた、ヒットを狙うための三つの条件についてお話ししたいと思います。

ヒット作には左の三つの条件が少なくとも一つ入っている。

「FAST」
「ONLY ONE」
「MOST」

これはもともと、四十年近く続く開発会社の社長さんから教えていただいた話です。それを私なりに再解釈して、部門のモットーとしていました。それぞれ解説していきましょう。

## ■FAST……「誰よりもはやく」つくれ

スピードこそがヒットを呼び寄せます。このパターンでのヒット例として一番わかりやすいのがローンチタイトルです。ハードと同じ日に発売されるソフトは少ないので目立ちます。したがってお客様の選択肢に入りやすい。

ローンチタイトルにならなくても「誰よりもはやくテーマを提示する」でも構いません。私が二〇一〇年にプロデュースして日米のApp Storeで売り上げナンバーワンになった『ケイオスリングス』。これは**「誰よりもはやく」「本格的なRPGを」「iPhoneで出した」**から売れました。たとえばこんな仕掛けでも「FAST」は実践できます。

Apple WatchやVRなど、新しいガジェットが発表されると私が注目するのは、これを狙ってのことです。また、意外と（スマホでも）まだ誰もやっていないことに目をつけている人がいますが、これも同じです。

ただ、「FAST」にこだわるあまり、はやすぎてお客様が望んでいないも

**ローンチタイトル**
新しいゲーム機が発売されるのと同時に出るゲームソフト。

**VR**
バーチャルリアリティ。Virtual Realityの略。ゲーム機を装着し、プレイヤーが三次元の仮想空間にいるかのように体験できるゲーム。

**ガジェット**
デジタルツールにおいて、目新しい小型の電子機器。

のになっては本末転倒なので、お客様が置いてきぼりにならないよう気をつける必要があります。「十年はやいは十年遅いと同じ」ということを肝に銘じておきましょう。

## ■ONLY ONE……「誰もがつくっていないものを」つくれ

要するに**「人の真似をするな」**ということです。エンターテインメントはお客様から飽きられたら終わり。そんな状況下で誰かと同じものを出しても、まったく目立ちません。全知全能を使い果たして新しいものを生み出し、お客様にワクワクを感じてもらえるようにしなければなりません。

前述の「ＦＡＳＴ」が達成されている場合、結果として「ＯＮＬＹ ＯＮＥ」もついてくることが多いです。誰よりもはやくやり遂げた場合、他に比べるものが存在しない。したがって唯一無二となるからです。こうなると後発が追いついてくるまでは、先行者利益を得ることができます。そのまま長期的に覇権を握る確率も高い。つまりこれは**「ライバル不在」の状態をつくりだせ**と言い換えることもできます。

たまに二番煎じのテーマのものが売れる場合があります。これは「誰よりもはやくそのテーマを真似た」ためです。ですので「ＦＡＳＴ」ですね。このやり方は二番目まではうまくいきますが、これ以降は通用しません。また二番煎じのものが、真似た元の作品を超えることは、まずありません。

また、「ＯＮＬＹ ＯＮＥ」を追求するあまり、「とにかく奇抜なだけ」にならないよう気をつける必要があります。

## ■ＭＯＳＴ……「誰よりもたくさん」つくれ

最後は少し特殊な事例ですが、**たくさんリリースすれば、ヒットの確率も上がる**ということです。この法則を教えてくださった方は、同一のゲームをＰＣからゲーム機、携帯電話まで実に百プラットフォーム以上展開されていました（一九九五年にＷｉｎｄｏｗｓが主流ＯＳになるまでは、日本にはたくさんパソコンの種類があったのです）。そのうちいくつかのプラットフォームで大ヒットをおこし、残りの赤字を埋めて余りあるということがあったそうです。

初代プレイステーションの頃にＤ３パブリッシャーが「ＳＩＭＰＬＥ１５００」という、ソフト一本の価格が千五百円という廉価シリーズを展開していたことがありますが、これも「ＭＯＳＴ」です。**内容は通常のゲームよりもシン**

**プルだが、価格は最初から安い**。テーマもたくさんある。実に百四作品がリリースされていました。この中で『THE麻雀』が百万本以上の売り上げを記録していています。ソフトの内容に応じて制作費も安価に抑えていましたから、十分にビジネスになっていました。

実は「MOST」の最たる例は「プラットフォーマー」になることかもしれません。どこの誰が何をつくっても、App Storeで販売する限りAppleには売り上げの三〇%が入る。GooglePlayも同じ。

GREEとmobageは二〇一〇年、ある日突然「我々はプラットフォーマーである」と宣言し、結果本当にそうなってしまった。この仕掛けが今日の二社の飛躍につながったのは明白です。特に大きな実績がなくても人が集まってしまうことがあり、こういった戦略が有効なタイミングがあるというのがこの商売のおもしろいところ。ValveによるSteamの展開もそうですね。

過去にもNAMCOが家庭用ゲーム機の開発を画策したりと、**狙いはすべてプラットフォーマーが覇権を握ることをよくわかっているから**です。これまで述べたように「MOST」は戦略が大掛かりになる傾向にあります。よって少し特殊と書きました。

**『THE麻雀』**
一九九八年にD3パブリッシャーから発売された麻雀ゲーム。様々なプラットフォームから発売されている。

**ValveによるSteamの展開**
米国のゲーム制作会社、バルブ・コーポレーションが二〇〇三年に開始したプラットフォーム。登録すればインターネット接続できるどのPCからでもプレイできる。

市場が定まらず混沌としており「何をつくったら当たるかわからないとき」は、「とにかくなんでもつくってみる」のが良い時期もあります。ただし、いろいろなものをつくって狙いが散漫になる恐れがあるので気をつけるべきです。**「なんでもできるは　なんにもできない」**ということを覚えておきましょう。

私が部門長になった二〇一二年当時、スマホ市場はまだまだ見通し不明でした。「ＭＯＳＴ」の名の下、大量のプロジェクトを推進しましたが、やはり散漫になってそのほとんどはヒットしませんでした。よって二〇一四年には**「MOST」を「FOCUS」……選択集中してつくるに方針変更**しました。

以上がヒット作に一つは必ず入っている三つの条件です。

これを踏まえて世のヒットタイトルを見直してみると本当に一つは入っていると思います。圧倒的なタイトルは二つ入っています。こういった角度から、自分のプロジェクトをよりヒットに近づけてみることも勝機につながります。

## 打席に立つために必要なこと（岩野）

周りで「やりたいテーマはあるけど、どういうゲーム性に落とし込めばいいのかわからない」という声をたびたび聞きます。特に若手やゲーム業界歴の浅い人からの声が多いです。

企画はある。しかしその企画を具体的に実現するための方法が見えてこないわけですね。

そこで、**テーマ選びの〝次〟に考えること**について触れたいと思います。

まず、やりたいテーマがあったとしても、そのテーマの本質的な面白さを理解していないと前に進めません。自分自身がそのテーマについてすごく詳しいとか、現在進行形でハマっているとか、そうした関心がないと、そもそも話にならない。

「よくわからないけどなんとなく面白そう」とか「流行ってるから」とか「市場に無いから良さそう」とか……こういう理由だけでは無理です。

**自分がそのテーマの面白さを理解せず、どうして人に伝えられましょうか。**

とにかくそのテーマをインプットしながら徹底的にしゃぶり尽くし、面白さの本質を理解して人に伝えられるようにすることが何よりも大切です。

ではいったんその先に進んで、選んだテーマをゲーム性に落とし込むにはどうするか。それはとにかくゲームをやること。そう、**結局ここでもインプット**なんです。

今日びまったく新しいゲームをつくることはまず無理です。もちろん天才的なひらめきによってまったくの新しいものが生まれることがないわけではありませんが、ほとんどの場合は既存の要素の組み合わせで作っていくことになる。だからすでにあるゲームを参考にするしかないのです。

## インプットの際に意識することは

とにもかくにもテーマ選びからゲームへの落とし込みまで、**インプットしないと打席に立てない**わけですが、コンテンツというのは世に無数にあるわけで、闇雲《やみくも》にインプットしていても時間が足りません。特にこの業界に入ってから本格的にゲームに触れ始めた、という人にとっては時間が足りないどころではありません（ちなみにこういう人は結構多いです）。だから、ある程度インプットするものを絞り込みたい。私の場合はこんな感じです。

**一　第一印象でビビッときたもの**

いわゆるジャケ買い。直感で良いと思ったものはインプットの吸収が早く、関心を持った分野で自分の強みを伸ばせるから。

**二　まったく興味ないけど売れているもの**

新しい気づきがあるから。

**三　一部で支持されているもの**

アプローチを変えればマスに響くかもしれないから。

特に二と三は重要ですが、三は常にアンテナを張っていないと気づかないのでなかなか難しいです。その上で、実際インプットする際に有効な方法を一つご紹介します。

それは、ある凄腕《すごうで》プロデューサーが言われていたので私も意識するようになったのですが、例えば映画を見る際は二回見る。一回目は純粋に楽しみ、二回目は一回目で楽しめたポイントをなぜ楽しめたのか分析しながら見る。そうすることで受け手が**どういった部分にグッとくるのか、その理由を把握できる。**仮にその分析が間違っていたとしても、いざ自分がものづくりをする際の訓練になる……という方法です。

これは何も映画に限った話ではなく、漫画やアニメ、もちろんゲームでも実践可能です。特に最近はネットに情報があふれているので、自分の面白かったと感じた部分を他の人の意見と比べて**「分析の答え合わせ」**をすることができます。アニメなどはニコニコ動画で最新週の話を何度も無料で視聴できますし、ゲームも実況動画があるので自分以外の人がどこを楽しみながらプレイしているのかを見ることができます。そう思うと、昔よりも随分とインプットのための環境が整っていますよね。でも**自分の考えをしっかり持っていないと**、他の人の意見に流されて、考えがまとまらなくなってしまうので注意したいところです。

話を戻します。まだゲームを遊び込めていないのであれば、まずは先述の通りプラットフォーム問わず売れている（売れていた）ゲームでたくさん遊んでみることをおすすめします。欲を言えばテレビゲームに限らず、ボードゲームからスポーツまでゲーム性のあるものならデジタルからアナログまでなんでもやってみるべきです。

## インプットのその先に

そして、ここからが個人的に重要なポイントなのですが、遊んだゲームの中でも特に「売れてはいるけどプレイヤーとして不満のあったゲーム」に注目するようにしています。

皆さんも「こうしたらもっとおもしろいのに」「こうしたらもっと売れそうなのに」と思ったゲームが必ずあるはずです。そういった気づきを、頭の中の『あのとき思った〝こういうゲームにすればいいのに〟フォルダ』に保存しておいて、いつかやりたいテーマが見つかった際に、そのフォルダからネタを探して、テーマのおもしろさの本質と相性の良さそうなものを組み合わせる。私の場合はいつもこのパターンです。頭の中へ蓄積しやすいように、スマホにメモを書き足していくことも多いです。

ただ、こういう蓄積はすぐに効果が出るわけではなく、思わぬきっかけで役立つことが多いものです。

日頃から集めておいた気づきから、企画が数年越しで形になったりするのがおもしろいところです。

例えば先だって社内の提案会議で通った企画は、スクエニ入社当初にプレイしていたゲームと最近のゲームの「自分ならこうつくりたい」と思った部分を組み合わせたものでした。プラットフォームとインフラ、そしてプレイヤーの意識が最適なタイミングだと思ったために、機が熟したと企画をまとめたのです。

この企画が実際売れるかどうかはわかりませんが、インプットを増やしておけばあらゆる時代や状況において、最善に近い手を打てることは確かです。『パズドラ』や『モンスト』といったスマホのメガヒットゲームも、その仕掛け人の中に経験豊富なベテランがいますよね。『乖離性ミリオンアーサー』でもそうでした。側替《がわが》えではもうなんともならない、新体験がないと売れない今（単に異常な確変時期が終わったせいもありますが）だからこそインプット量が生きてくるわけです。

つまりテーマ選びはもちろん、その次に進めないと悩んでいる人の多くは、

**『パズドラ』**
パズル&ドラゴンズの略。ガンホー・オンライン・エンターテイメントから二〇一二年に配信されたパズルRPG。

**側替え**
ゲームのシステム・操作方法などは変えず、世界観やテーマを替えて新しい作品として売ること。

インプットが足りていないだけです。**打席に立つ準備ができていない**んです。それで迷った挙げ句、最近の流行りのゲーム性をくっつけておけば安パイ、という考えに陥《おちい》りやすく、結果ありふれたゲームあるいはコンセプトのよくわからないゲームが出来上がる。

しかし悲観する必要はありません。とにもかくにも**インプットをすれば打席に立てる**からです。

## 行動あるのみ！

この本をお読みの方の中には「そんな簡単で当たり前なこと、やらないやつなんていないでしょ」と思われる方もいらっしゃるかもしれませんが、仕事に忙殺されていたりすると意外と、というかたいてい、やらないものです。

よく安藤さんが部内の若手向け講義で言っていましたが、**「当たり前のことを当たり前にやるやつは百人中十人程度」**。その十人だけが打席に立てる。でも十回打席に立ってヒットは一本出るかどうか。だから百人いてもヒットを出せるのはその中に一人いるかどうか。ヒット率一%とは、なんて難しい仕事なのか。でも当たり前のことをやるだけで、ヒット率は十%にまで跳ね上がる。

そう考えたら、ちょっとは希望が持てると思いませんか？
「当たり前のこと」を、当たり前にやる。そこに勝機が宿っているのです。

## ゲーム制作、これがないとヤバイ。(安藤)

ゲーム制作者のモチベーションにも色々なものがあります。中でも「誰よりも売りたい」「とにかく売りたい」という人は多いのではないでしょうか。大いに結構。まず「売る」という意思を表明しないと、目標がブレやすくなりプロジェクトが失敗する確率は上がりますからね。でもそれ「だけ」だと超ヤバイ。では何が必要なのかという話です。

まず、つくり手が売りたいという気持ちと、お客様が買いたいという気持ちは比例しません。当たり前ですよね。**俺「めっちゃ売りたいんです」客「フーン」でおしまい**。売りたい気持ちが強ければ強いほどゲームが売れるわけではない。

つまりゲームの場合、プロジェクトにおける「お金」や「ビジネス」の比重が高くなればなるほど、そのゲームは売れにくくなるんです。例えばマネタイズからゲームづくりに入るやり方はかなり危険です。ではゲームづくりは何から入ればよいのか?

**岩野さんも前述した通り、それは「テーマ」です。**これからはテーマから入らないと売れない。何より目立たない。これまではマネタイズから入っても結果売れましたが、この先はテーマなき者は、大変になるだけなので、今すぐこの世界から去ったほうが良い。

**テーマとは、「何を仕掛ければお客様が喜ぶのか？　その柱となるもの」。**簡単に言うとそんな感じです。「喜ぶのか」を「遊んでみたいと思うか」に置き換えてもいいですね。いつの時代も、まず手に取ってもらわないと始まらないのがエンタメです。

**テーマを探すためには……**

テーマにも色々なアプローチがあります。今回は「アーサー王伝説＋α」でいこう（『ミリオンアーサー』）、では次回はダンテの神曲をイケメンの黒天使と女子高生でやるか……といったように、お話や世界設定のモチーフを探すやり方もテーマ探しと言えます。**モチーフと＋αの組み合わせがそそるかどうか**にカロリーを割くのです。

私はこればかりを考えて日々生きているので、今度は「ミリオンアーサー＋

宝塚歌劇」でいこう（『実在性ミリオンアーサー』）といったようにテーマは次々と生まれます。これらのインスピレーションはゲームを遊んだことで得られることもありますが、私はどちらかというとゲームと直接相関関係のないものから湧いてくる方が多いです。

コンセプトそのものが最強のテーマたりうる場合もあります。「iPhoneが専用ゲーム機になってしまう本格的なRPGをつくろう（『ケイオスリングス』）」、「ドラゴンクエスト＋無双シリーズでつくろう（『ドラゴンクエストヒーローズ 闇竜と世界樹の城』）」といったことです。『ファイナルファンタジー ブレイブエクスヴィアス』も『ファイナルファンタジー』＋『ブレイブフロンティア』（エイリム）の要素の組み合わせこそが一番そそるところですから、このパターンになります。ただしこの場合、**誰よりもはやく仕掛ける（FAST）か、他者が仕掛けることができない座組み（ONLY ONE）なのかが重要**になります。

遊び方そのものがお客様にとってそそるポイントになる場合、これもテーマになります。「プレイヤーみんなとこうやって協力するとおもしろいよね」「す

**無双シリーズ**
コーエー（現コーエーテクモゲームス）から一九九七年に第一作が発売された格闘ゲームシリーズ。

**『ドラゴンクエストヒーローズ 闇竜と世界樹の城』**
スクウェア・エニックスから二〇一五年に発売されたアクションRPG。ドラクエ派生作品で、無双シリーズを手掛けるコーエーテク

れ違い通信をつかっておもしろい遊びはこれだよね」「体重計を遊びにつかうと面白いし健康にもいいよね」といった理由で、その遊びやってみたい！ となればそれもテーマとなり得ます。

ただしこれは、相当ゲームデザインの才能がある、ある程度ＩＰが浸透している、続編やスピンオフに新しい遊びがプラスされている……など属人的、環境的な部分が大きく作用します。才能がある人でも、それを思いつくまで数多くのスクラップ&ビルドを要するものですから**「おもしろいものを思いつくまでつくっていてもいいよ」という環境があるかどうかも、とても重要**になります。

あるいは、ある日、稲妻のように革新的なアイデアが降りてきて「四つの正方形で構成された七通りの組み合わせのブロックを落下回転移動させて……横十列縦二十行の段を埋めていき、埋まるとその段が最大４段消滅する遊びをつくろう」みたいなことが起こるか……。

そうなんです。遊び方からテーマに挑むのは難度が高く、よっぽどの差別化と圧倒的に洗練された面白さがないと中途半端になってしまい、逆にプロジェクト化しにくいのです。ゲームデザイナーはこの領域へのチャレンジを決して

モゲームス制作チーム・ω-force（ωフォース）が開発した。

**『ファイナルファンタジーブレイブエクスヴィアス』**
スクウェア・エニックスから二〇一五年に配信されたＲＰＧ。『ブレイブフロンティア』を手掛けるエイリムが開発した。

**『ブレイブフロンティア』**
エイリムから二〇一三年に配信されたＲＰＧ。スマートフォンでクオリティの高い演出を楽しめる。通称ブレフロ。

やめるべきではないですが、ほとんどの場合、これらの発明を待つ余裕はないはずなので、他のアプローチでテーマを探すことになります。でも大丈夫です。もちろん、遊びの鮮やかな発明はあるに越したことはないですが、「お客様がゲームシステムで作品を選ぶことはほぼない」です。

国内において、**プレイステーション3の時代に最も売れた作品は無双シリーズ**というデータがあります。無双シリーズの基本ゲームシステムが世に出されたのは二〇〇〇年のことです。対戦格闘だった『三國無双』や『デストレーガ』を源流とするならば、さらに三年ほど前になりますね。

海外においても同様に、『Grand Theft Auto』も『Call of Duty』も……。『ASSASSIN'S CREED』だって大雑把にくくれば、源流となる基本システムは『Quake』の頃、もっと遡《さかのぼ》れば『DOOM』の頃から変わっていないので、これも**二十年前に発明されたアイデアを少しずつブラッシュアップしたもの**です。

では、遊びは基本変わっていないのに、お客様はどこに惹かれてこれらの作品を支持してきたのか？

それは「十字軍やルネサンスの時代の暗殺者になりたい」「近代戦争のフィ

**『三國無双』**
無双シリーズの第一弾として一九九七年に発売されたが、ゲームシステムが引き継がれたものは二〇〇〇年に発売された続編の『真・三國無双』となっている。

**『デストレーガ(DeSTReGA)』**
コーエーから一九九八年に発売された対戦型アクションゲーム。

**『Grand Theft Auto』**
米国のASC Games(現Rockstar Games)から一九九八年に発売されたアクションゲーム。

**『Call of Duty』**
米国のActivisionから二〇〇三年に発売され

クションを兵士として生きてみたい」「犯罪者になって自由奔放に振舞ってみたい」などといったテーマで選んでいるのです。つまり前述の**「お話のモチーフ＋α」の切り口**が、時代に応じて鮮やかに切り取られているかどうかが、とても重要なファクターであることがわかります。

当然ゲームですから、プレイ体験としてお話のモチーフを、よりドライブさせる遊びがプラスされているかどうかも大事ですが、すべての遊びが革新的である必要はない。またそれを端的に説明できる座組みやスタッフの構成があれば、よりわかりやすい……という明解さがお客様の支持を集めます。そして最終的にそれが売り上げにつながるのです。

**似たりよったりの売れないゲームばかりになるのは……**

最近はＧｖＧが入っているのは基本、マルチプレイが流行っているからそれプラスマルチプレイで……とか、ラインディフェンスはマネタイズしやすいからそれで、遊びは『モンスト』か『パズドラ』から入って外側をこのＩＰで変えて……とか、そういった話は一切出てきませんよね。

お客様にとって、そんな聞き古した話はどうでも良いのです。**とにかく面白そうか、やってみたいと思うか、それが商品からわかりやすく発信されている**

た戦争シューティングゲーム。

**『ASSASSIN'S CREED』**
仏Ubisoftから二〇〇七年に発売された潜入アクションゲーム。

**『Quake』**
米国 id Softwareから一九九六年に発売された３Ｄシューティングアクションゲーム。

**『DOOM』**
米国 id Softwareから一九九三年に公開されたシューティングゲーム。

**GvG**
Guild vs Guild：プレイヤー集団同士で戦うゲームシステム。

**ラインディフェンス**
連なる敵からの攻撃をかわす防衛系ゲーム。

**か**。そこが大事なのです。それでも携帯電話のゲームがなかなかテーマから入れずに、似たりよったりの売れないゲームばかりになるのは、ビジネスモデルも制作者が作らないといけない時代だからという要因もあります。

　専用ゲーム機の世界では、パッケージの値段や流通といったビジネスモデルのすべてをハードメーカーが決めてくれていたので、制作者は作品に集中すれば良かった。しかし、**F2Pモデルは売り方や商品構成、各アイテムの値段も制作者が決めなくてはならない**ので、より難しい。それゆえマネタイズやビジネスモデルを偏重した考え方になりがちなのですが、それでもやはり大切なものはテーマなのです。お客様にとってそこだけは未来永劫《えいごう》変わりません。

　難しい時代になったとは言え、Ｆ２Ｐのビジネスモデルもある程度のやり方は確立されました。ゆえにテーマを磨くことに集中しやすくなったとも言えます。バラエティーに富んだ作品で多くのお客様を楽しませることができるよう、つくっていきたいと思います。

『城とドラゴン』のように、ガチャなし、デッキ編成なし、非課金者が課金者に対して戦略次第で勝てる……といったビジネスモデルや新しい遊びに対してのチャレンジも、できる人がどんどんやっていくべきです。私も引き続き『ケイオスリングス』のような売り切り型のモデルに挑戦します。

**『城とドラゴン』**
アソビズムから二〇一五年に配信されたリアルタイム対戦ストラテジーゲーム。

「テーマ」に始まり「プラットフォーム」「ターゲット」「ゲームシステム」「ビジネスモデル」「テクノロジー」といった要素がベストのバランスで矛盾なく成立するのは、奇跡に近いことです。売り上げナンバーワンを獲っても、よくこのバランスで組み合わさったな、ベストを尽くしたとはいえこれは**運が良かったとしか言いようがないな**、と思います。

ゲーム制作者は、途方もない難度の組み合わせを考え抜き、うまく組み合わさったところで絶対に売れる方程式もない世界で、恐ろしい額のお金をかけて、そこに挑むということを毎回やっています。大変なので向き不向きがあって当たり前なんです。それでも私が**この仕事を人生をかけてやる価値があるものだと思っている**のは、ここまで難しいからに他なりません。

「テーマ」から入るとお客様が喜ぶ可能性が高いよ、「お金」から入るとヤバイよということを書きましたが、それとて悪いこだわりになってしまうこともあります。ではどうしたらいいのか？　思考停止になってしまいそうですね。しかし、ビビっていても何も始まりません。まずは、お客様にとって面白そうなことは何かを優先して磨いてみるべきなのだと思います。

## ほとんどのターゲット設定は間違っている（安藤）

次に、ターゲットです。このお話は**「ゼロから一作品目をつくるとき」に大切な内容**で、続編やスピンオフをつくるときにはあまり参考になりません。さらに受け止め方や取り扱いが難しい領域の話です。

いざ素晴らしいテーマを思いついたとしても、誰に向かってそれをつくるのかが定まっていないと「空き家で声嗄《か》らす」ことになります。「面白いけれども売れない」ということが起こります。よって当然、**企画を立案したときからターゲットの設定はとても大事**なファクターです。これがブレているとゲームは売れません。

結構な数の企画提案書には、ターゲットが書いてあるページがあります。「魚のいないところに釣り糸を垂らすな」ということで、会社から書けと言われている人も多いのではないでしょうか。それが重要なのは提案する側もわかっているので、とりあえず書いてある。でも、狙いがだいたい間違っている。**要するに嘘をついている。**

今、手元にいくつかの提案書があり、ターゲットが書いてあったのでそのまま抜粋してみます。

■「十代後半から三十代全般の男子」
■「ロック好きのスマホユーザー、主に海外、年齢不問」
■「スマホゲームで課金経験のあるアニメ、ラノベ、マンガユーザー」
■「ご当地キャラ、ゆるキャラ好き」

……これはごく一般的に見られるターゲット設定です。これらの企画書が特別ではなく、ターゲットが書いてある場合は、ここから年齢層、展開地域、嗜好性が変わるくらいで、どれもこんな感じです。後はＭ２層（三十五歳～四十九歳までの男性）とかＦ１層（二十歳～三十四歳までの女性を指す）のように、広告放送業界のマーケティング用語に置き換わっているものもたまに見かけます。

**これが「広すぎる」んです。**

上記のどれをとっても、「いったいどこに？　どれだけの数がいるのか？」……マーケティングやリサーチを駆使すれば、ある程度は判明するとは思いますが、数が出たところで範囲が大きすぎる。一人ひとりのお客さんのプロフィールは絶対にバラバラのはず。何より漠然としすぎていて、**「狙い撃ち」しているいる感じは全くない**と言えます。これをターゲット（標的）と言っていいのか？　そもそも、なんでこうなってしまうのか。ざっと考えて三つ原因があります。

**■その1**

それでも**狙わないよりは絞れる**から。当たり前の話、女性か男性かを選ぶことでも狙いが半分に定まりますよね。年齢層もしないよりは定めたほうがマシ。というやつ。

**■その2**

「提案者がつくりたいだけのゲーム」がプロジェクト化するのを防止するため。「これは、お前がつくりたいだけで、誰も望んでないいんじゃないの？」という問題を洗い出す目的で、**相手のことをきちんと考える動機を作ってあげる**という場合。

**■その3**

その2の派生とも言えますが、**あなたに上司からの信頼がまだない場合。「お前の主観には乗れないから、客観的な裏付けを取りなさい」**というパターン。ゲームビジネスの場合、客観的なデータが重要な場合も多々あります。現場が、これをターゲット設定にまで対応させてしまった。

このような感じで提案書にはピンボケしたターゲット設定が記載されることになる。サラリーマンとして**提案をスムーズに通す「儀式」**として、書いておいたほうが波風立たない場合もあると思います。私がここで言いたいことは、そういう建前やテクニックに関する必勝法ではなくて、**おもしろくてお客様がよろこぶゲームをいかに粘り強くつくっていくか**という、本質的な話です。

ズバリ言うと、ターゲット設定は上記その2とその3で**防止されようとしていた、**「提案者がつくりたいもの」「主観的なもの」――**つまり「自分」でもいいのです。**

お客様のことを考えるのはとても大事なことです。しかし、新しいおもしろさやワクワクを創造する企画立案のタイミングで、**過去の事例・データや、大勢いる他人の顔色をうかがっていても、どこかで見たことのあるようなものになってしまいます。**それこそ一番退屈でお客様に飽きられるものになる。また極端な話「自分のことは自分にしかわからない」、つまり「自分のこと〝だけ〟は、はっきりと自分にわかる」のではないでしょうか？

もっと哲学的に突き詰めると、欲望に負けて自分でも自分のコントロールがきかない瞬間があるのが人間です。ましてや他人のことなんかわかりっこない。ゆえに（自分の）ゲームを（他人へ）商売するのは人生をかける価値があるほど奥深い……くらいに思ってから、お客様のことを考えたほうが良い。

お客様からしても「あなたがターゲットなんだけどコレって面白い？」といちいち聞かれても、悪いところやイケてないところに関しての意見は言いやすいけれども、良いところや足りていない部分に対しての具体的なアイデアを意見するのは難しい。もしスラスラ言えるとしたら、その人はつくる側になったほうがいいですから。

このように未来のおもしろさを発案するのは、上司でもお客様でもなく、**提案者である「自分」以外にいないのです**。周りは色々なことを言いますが、世界で一番その企画を愛し、熱い思いを持ち続けるべきは、誰であろう手掛けている本人。まず、**「本人が最も熱狂しているかどうか？」**がゲームをつくるときに大事なのです。

あんまり楽しめていないけれども、売れそうだからやっている状態の企画は売れません。**「ターゲットである自分自身」が最高だと思える内容かどうか**。提案時や制作中に確認することがあるとするならば、こちらのほうがチェックポイントとして重要です。

「本当のターゲット設定」とは……

私は雑誌などを通して数多くのヒットメーカーと一対一で対談する機会に恵まれてきました。作品についてじっくり話し込むと、誰に向かってこのゲームを作ったのか？　という話によくなるのですが、紐解いていくと、**ほぼすべての人がターゲットを「自分」にしていました**。結局はみんな自分が面白いと思ったものをつくっているのです。

一方で自分自身の決めだけで長い制作期間、自信を持ってプロジェクトを進めるのは不安になります。興味深いのは、そういったときに多くのヒットメーカーが「半径五メートル以内にいる身近な人」をターゲットにしているということ。

有名なところでは『パズドラ』の嫁レビューがありますよね。「これで本当にいいのか?」……と思ったタイミングでガンホーの山本さん（ガンホー・オンライン・エンターテイメント 執行役員 山本大介氏）は奥さんに試作を遊んでもらい、そのとき出た意見がその後の開発指針にもなっている。

また、アソビズムの森山さん（アソビズム「ドラゴン」シリーズ ディレクター 森山尋氏）は「隣の席に座っている人間が喜ばないものを、遠く離れたお客様が喜ぶはずがない」ということを言われています。

『にゃんこ大戦争』をつくられた元ポノスの升田さん（元ポノス専務取締役COO・升田貴文氏）の場合、独特のキモカワキャラクターをどのようにつくって実装していたか?

実は向かいに座っている女性グラフィッカーに、まず紙に描いたキャラクターを見せ、笑ったら採用、笑わなかったら不採用……というやり方だったそう

**「ドラゴン」シリーズ**
アソビズムのスマートフォンゲーム『ドラゴンリーグ』『ドラゴンポーカー』『城とドラゴン』など。

**『にゃんこ大戦争』**
ポノスから二〇一二年に配信された、「キモかわ」にゃんこを育成するソーシャルゲーム。

です。

半径五メートル以内にいる特定の人間。このくらいの距離感と関係性であれば、他人であってもよくわかる。自分であれ他人であれ、つくり手にとって、**どんな人間かよくわかっている人格をターゲットに設定する**のが、嘘をつかない「本当のターゲット設定」です。

開発で逡巡《しゅんじゅん》した場合、この人に意見を聞けばＯＫという人をつくるとブレも少なくなります。ただしこの場合、その人が大勢いるお客さんを代表するプロフィールを持っているかどうかも大事ですので気をつけてください。これまでゲームをそんなに遊んだことがない女性まで楽しめるものにしたいので、その代表である嫁さんをターゲットにする……みたいな形になっていると良いですね。

話は遡って「自分」をターゲットにする場合、これもかなりの注意が必要です。このケースも、自分自身が多くのお客さんを代表するプロフィールを持っていないといけない。すでに本人にそれが備わっていれば良いですが、ない場

**グラフィッカー**
ゲームの画像や映像などのグラフィック制作を行う人。

合は相当な研鑽をしないといけません。ないのに自分をターゲットにするのは、**独りよがりのものになってしまうので、かなり危険です。**

例えば岩野さんが『ミリオンアーサー』をプロデュースしたときも、ターゲットは彼自身でしたが、彼自体お客様の代表であり、群を抜いてライトノベルとアニメに精通していました。しかもこれらをすべて入社後に身につけていった。元々はインプットがまったくない状態から、スタートして十年近く愚直に、誰よりも、ラノベを読みアニメを見続け、現在もそれを継続させている。

今や迷いが出ても自分に目利きの能力があるため、都度《つど》の判断でブレることがない。まだそれができていない人に知ってほしいのは、**目利きはこのように後天的に開花させることが可能**だということ。何かを始めるのに遅すぎるということはありません。今から素直に粘り強くやれば良いのです。

レベルファイブの『妖怪ウォッチ』は商品市場規模が二千億円を突破し、海外展開も勢いづいています。以前日野さん（レベルファイブ代表取締役社長CEO・日野晃博氏）に、子供向けのタイトルをなぜ連続でヒットさせることができるのか？ と聞いてみたことがあります。お返事のニュアンスはこんな感じでした。

**『妖怪ウォッチ』**
レベルファイブから二〇一三年に発売されたファンタジーRPG。

「僕は子供の頃に自分が何をおもしろがって、何をかっこいいと思っていたかを今でも鮮明に蘇らせることができるんですよ」。

つまり日野さんのターゲットは日野少年ということなんだろうと思います。

一作品目をリリースした後には、そこではじめて具体的にお客様の顔が見えます。そこから徹底的にリサーチを行い、よりかゆいところに手が届く商品、サービスを展開していく。冒頭に続編とスピンオフでは今回の話は参考にならないと書いたのは、**広いターゲット設定やリサーチはむしろ二作目以降、有効な場合がある**からです。

最後に、自分をターゲットにしても問題のない研鑽と熱量を持った人間が提案を持ってきて、それがビジネスとしても成立しそうな場合。

上司（提案を受ける側）はどうしたら良いのか？

企画にゴーサインを出したら、しんどいですが、以降は**中身に口を出さずに見守ってあげること**。私が色々なプロジェクトを見てきた経験から言うと、そういった状況でうまくいくことが多いです。また、優秀な人間ほどゴリゴリ干渉する人より、信頼して任せてくれる人についていきますからね。

## これからはプラットフォームの垣根がなくなると言ってきたけど、どうも違う。という話（安藤）

「テーマ」、「ターゲット」、**そして次は「プラットフォーム」の話です。**

携帯電話の市場が成熟した一方で、コロプラがOculus Rift向けのゲーム開発に積極的であったり、ポケラボもハコスコ対応のVRアプリを発表したりしています。海外では早速Apple Watch向けのRPG『Watch Quest!』『RuneBlade』が開発中……と、ビジネスの可能性は未知数ながらも、ゲームを提供できる**新しいプラットフォームにチャレンジ**している会社も見受けられます。

この動きは最高です。**まだみんなが「ピンと来ていない時代」から先んじて新しいプラットフォームに突っ込んでいく人は勝ちます。**

勝つタイミングは新ガジェットが「一般化」するときです。それは今ではないですが、「腕に巻いても熱くない」「身につけていることを感じさせなくなる」など、コモディティー化しうる機能が追加・改善された時に、それに応じ

**コロプラ**
位置情報サービス、スマートフォンゲーム、モバイルネットワークゲームを運営する会社。

**Oculus Rift**
米国のOculus VRのヘッドセット式VRゲーム機。

**ポケラボ**
スマートフォン向けソーシャルアプリを開発する会社。

**ハコスコ**
段ボールにレンズとスマートフォンを取り付けて、手軽に3D画像や動画鑑賞、VRゲームをプレイできる装置。

た新しいゲーム体験が組み合うことで起爆するでしょう。

私が二〇〇六年頃にクリックホイール付きiPod向けのRPG『ソングサマナー 歌われぬ戦士の旋律』をつくっていたときは、「はじめに」で書いた通り、同僚から**「バカゲーばかり作っていた安藤の頭が本格的におかしくなった」**と真剣に思われていました。当時はニンテンドーDSとPSPの全盛期ですから無理もない。

それでも二〇〇八年七月に全世界同時リリースされたこの作品は、アーリーアダプターを中心に数多くダウンロードされました（売価は当時六百円）。奇しくも同月アメリカでiPhone 3Gが発売され、ただのiPodに「電話＋α」の機能がついたことで、ついに大爆発が起こった。**先んじてAppleと仕事をしていたため、スマホのゲーム開発に爆速で突入することができ**、一年半後の二〇一〇年四月には『ケイオスリングス』で日米同時にトップセールス一位を獲ることができたのです（売価は当時千五百円）。黎明期《れいめいき》の偶然が起こした話ですが、新ガジェットが出ると、このことを思い出します。

私はプレステ1の頃から制作をしているので、専用ゲーム機のことも常にプ

**『Watch Quest!』**
米国のWayForwardから二〇一五年に配信された、iPhone・Apple Watch対応のアドベンチャーゲーム。

**『RuneBlade』**
米国のeverywear gamesから二〇一五年に配信された、Apple Watch専用RPG。

**コモディティー化**
高付加価値を持っていた商品の市場価値が競合品によって低下し、一般商品になること。

**PSP**
プレイステーション・ポータブルの略。ソニー・コンピュータエンタテインメント（現ソニー・インタラクティブエンタテインメント）から二〇〇四年に発売された携帯型ゲーム機。

ラットフォームとして頭の中にあります。プレイステーションVitaやニンテンドー3DSで展開している『拡散性ミリオンアーサー』の市場規模を考えると〝携帯電話→専用ゲーム機〟への横展開はビジネスとして全然アリです。

これが可能だったのは、私たちがどのプラットフォームでも「つくれる」からでしたが、これまで「つくれなかった」各社もネイティブアプリへのシフトが進み、専用ゲーム機の開発経験者も多く加入していますよね。真剣にプラットフォームとして参入を考えてみると、勝つ確率はあがりますよ。なぜか？　もはや死の海と化した「超・激戦区」のスマホに比べるとライバルが少ないから。**普及台数がスマホより少なくても、濃い二万人がいればF2Pモデルならば成立します。**

**ネイティブアプリ**
インターネット上で動作させるwebアプリなどに対して、ダウンロードして端末内でオンライン／オフラインで動作させるアプリ。

**プラットフォームの垣根は無くなるのか……**

二〇一五年四月に行われたレベルファイブの発表会は、プラットフォームについて考えさせられるものでした。

どちらかというと〝専用ゲーム機→携帯電話〟の流れの方が、勢いを増しそうです。市場が成熟すると中身で勝負の時代になりますから、品質や商品プロデュースに自信があるゲーム屋が参入してくるのは自然な話です。とは言っても、この発表会で**個人的に一番驚いたのは『ファンタジーライフ2』がニンテンドー3DSからあっさりスマホにプラットフォームを変えてきたこと**。本当にサラッと発表していましたが、パッケージで三十万本を売り上げた人気コンソールのタイトルの続編がスマホのストアに並ぶわけです。このタイミングでの強力ライバルの登場は、「超・超・激戦区」の到来を意味します。全世界から、このようなライバルが参入してくるわけですからね。

『スナックワールド』もあっさりスマホと3DSが同時発売でしたが、これも一時期のことを考えると時代が大きく変わった感じがします。あっさりと感じるのは素直に、特別な意識なく、時代に応じてお客様がいるところに展開しているということです。『ドラゴンクエスト』をどのプラットフォームに出すのか？　という基準もやはり素直に、**最もお客様がいるところに出すという方針**がエニックスの頃からありました。このレベルファイブの発表を見ると、**いよいよプラットフォームの垣根がなくなってきたように見えます**。

でも、果たしてそうでしょうか？　私が色々なプラットフォームでつくってみた結果「ある意味で垣根はなくなるが、無くならない垣根がある」というのが率直なところです。

**『ファンタジーライフ2』**
レベルファイブから二〇一六年に発表されたRPG。のちに『ファンタジーライフ　オンライン』とタイトルを変えて二〇一七年四月に配信。

**コンソール**
操作する際の表示装置と入力装置のこと。ここではゲーム機を指す。

**『スナックワールド』**
レベルファイブから二〇一七年四月配信のRPG。

ある意味で、というのは前述の通り、同じゲームが色々なプラットフォームで普通に出る時代になった……好きなゲームがどこでもライフスタイルに応じたガジェットで遊べる時代になるため、ハードの垣根がなくなるということ。この流れはゲームデータのクラウド化によってさらに促進されます。**リビングの大画面TVで遊んでいた専用機のRPGの続きを、移動中の電車ではスマホでやる。**

言わば**GmailやiCloudを使っているような感覚でゲームも遊べるようになる**というのが、数年前から考えている予想。

一方で、それぞれのプラットフォームに紐づいている「お客様」は、今後も垣根を越えることはない。最近はそう考えています。技術は垣根を越えるが、お客様の嗜好は〝特にゲームに限って言えば〟そう簡単にプラットフォームを超えないのです。**SteamやPS4でコアゲームに夢中になっているプレイヤーが、同じゲームが遊べるからといってスマホでそれをやるなんて到底想像がつかない。**

『拡散性ミリオンアーサー』も、スマホと3DSとVitaでは、全然お客様

**PS4**
プレイステーション4の略。二〇一三年発売の家庭用ゲーム機。PS1から数えて第八世代にあたる。

**コアゲーム**
プレイヤーの没入感やプレイ時間の増す要素を持つゲーム。

のプロフィールが違います。ほとんど被《かぶ》りがない。もし被っているとしたら、毎日こんなに登録しないだろうという数の方が新規で始めています。

またスマホとＶｉｔａで同じコラボレーションをしても響き方が全然違ったりと、**同じタイトルでも明らかに垣根が存在するのです。**

これは二〇一四年にスマホとＶｉｔａで同日発売を試みた『ケイオスリングスⅢ』でも同様でした。私は物理コントローラーの有無など、お客様の環境に応じて選んで欲しいなと思ってリリースしたのですが、Ｖｉｔａのプレイヤーは最初からＶｉｔａで買う以外の選択肢はなく、スマホの人はＶｉｔａ版があることも知らないという方が多かったように感じます。

**『ケイオスリングスⅢ』**スクウェア・エニックスから二〇一四年に発売されたＲＰＧ。二〇一〇年発売の一作目から通算四作目となる。プロデューサー・安藤武博。

スクエニのようにリッチなゲームを期待されたり、そういった規模・内容でつくるのを普通に良しとしている環境だとついつい見落としがちなのですが、**スマホでゲームを遊ぶお客様は、専用ゲーム機のプレイヤーと比べると、「超・超ライトユーザー」です。**ここで書いたり、現場が論じているようなゲーム論から遥か遠くに存在する、**「暇つぶしで遊ぶ」というお客様が大多数。**ゲーマーとは永遠に交わることのない層です。プラットフォームの垣根がなくなったからといって同じように展開していては、あさっての方角に向かって大砲をぶっ放すことになりかねない。ではどうしたらよいのか?
それは **「プラットフォームによってサービスや内容を変えること」** です。
当たり前のことですが、今のところこれしかないでしょう。

**売り切り型と運営型と……**

スマホとゲーム機の最も大きな違いは売り方です。残念ながら、**もはやスマホで五千八百円の前払い形式というのは通用しない**。よってゲーム機のタイトルがスマホに来る場合はF2P形式にすることになります。売り切りとF2Pではお客様がお金を支払う対象が異なるので、それに応じてゲームの内容と売る商品も変えないといけない。

でも、これ書くのは簡単ですけど、それをやるというアプローチ。**やるなら「別のゲームにするくらい変えないとだめ」** です。ちょっと変えるくらいだと、どちらのプラットフォームでも売れるのは難しい。そのくらい売り方に紐づくゲームのつくり方が両者で違う。これが乗り越えにくい垣根の正体の一つ。ここを理解してそれでも気合でがんばるのはアリ。その場合、パッケージが得意な人とF2Pのサービスが得意なスタッフで、プロジェクトチームを分けたほうがいいですね。しかし、今のところどちらも得意なスタッフが揃っている会社は少ない。逆に捉えると、ゆえに**意図的に最初に組閣しきったものが勝つ**でしょう。

さて、この「スマホと専用機でつくり変えるのが大変だぞ」問題、実は『拡散性ミリオンアーサー』のように販売形式がいずれもＦ２Ｐであれば解決可能です。主にＵＩ（User Interface：操作画面）とＵＸ（User Experience：体験から得る満足感）の調整とハードの特性を生かした機能追加で、プラットフォーム関係なく「同じ内容」でいけます。でも、あえて専用ゲーム機のパッケージ前売り形式（ここでは頻繁な運営を必要としないゲームと定義します）と、スマホのＦ２Ｐ形式の「両方の成立」を前提にして、こだわっているのには以下の理由があります。

【パッケージ前売り形式】

・パッケージで前売り形式のゲームはこれからもなくならない
・このやり方でしか表現できないゲームがある
・このスタイルでしか獲得できないファンがいる

【スマホのＦ２Ｐ形式】

・F2P形式のゲームがビジネス規模で主流なのは間違いない
・運営にしか表現できないサービスがある
・このスタイルでしか獲得できないお客様がいる

通常、新しい形式のものが登場すると、過去のものが塗り変えられていくのがテクノロジーです。携帯電話やパソコンがそうですね。**ゲームに限って言えば、新しいものが出てきても過去のものは駆逐されずに地層のように積み重なっていく。**これがかなり特徴的なんですね。オフラインもオンラインもアーケードも専用機もPCもスマホも、一定数のお客様に棲み分けられ、**なくならずに並行して共存する**んです。物理メディアとしてのパッケージゲームはダウンロード形式になり衰退するでしょうけど、それとて完全になくなることはない。パッケージゲームに比べてF2Pのビジネス規模が圧倒的になっているから、もうどのプラットフォームも全部F2Pでいいじゃん。そういう時代になるよという意見もありますが、絶対にそうはならない。

**売り切りで遊びたいお客様はいなくならない。**

エンディングで終わる形でしか届かない物語があり、それによって長年記憶に残るキャラクターやゲーム体験は確実にあります。例えばスクエニのスマゲでも『ファイナルファンタジー レコードキーパー』『ドラゴンクエストモンスターズ スーパーライト』『ブレイブリーアーカイブディーズリポート』は前提として、パッケージゲームでの良い思い出があるからこそ成立していますよね。裏返すと、こういう**良い思い出を提供しないと、二十年三十年残るブランドにならない**。スマートフォンのゲームを手掛けていて強く感じるところです。

ないようで実はあり続けるプラットフォームの垣根、そしてそれにどう立ち向かえばお客様に長年愛されるゲームを、それぞれのプラットフォームで提供できるか。

つくり手は**「それぞれが得意なことをやる」**。これで良いと思います。

運営前提のものが得意な人は引き続きやる。終わりのある作品をつくるのが得意な人も引き続きそれをやればよい。どちらも専門的なスキルを要するものですので、あえてどちらかしかやらないというのもクリエイターの戦略です。

結果、IPは一つであっても形を変えて、色々な遊びやサービスが各プラットフォームでリリースされれば、お客様はうれしいわけですからね。

**『ファイナルファンタジー レコードキーパー』**
スクウェア・エニックスから二〇一四年に配信されたRPG。DeNAと共同開発された。

**『ドラゴンクエストモンスターズ スーパーライト』**
スクウェア・エニックスから二〇一四年に配信された、スマホ向けDQモンスターズシリーズ作品。Cygamesによる開発。

**『ブレイブリーアーカイブディーズリポート』**
スクウェア・エニックスから二〇一五年に配信されたRPG。二〇一二年に発売された『ブレイブリーデフォルト フライングフェアリー』に始まるシリーズのスマートフォン版。

二〇一二年からスマートフォン向けに配信されてきたサイバーエージェントの『ガールフレンド（仮）』は、二〇一五年にはバンダイナムコからＶｉｔａ仕様としてリリースされました。

一つの答えがここにもありますね。**今後スマートフォンのゲームは、ファンを獲得するブランドにならなければ短期間でオワコンになる可能性が高い**。『パズドラ』は先駆けて３ＤＳにアーケードにと、バリバリ展開していますから。例えば『ミリオンアーサー』や『グランブルーファンタジー』や『ブレイブフロンティア』がＰＳ４や３ＤＳなどで売り切りのＲＰＧになったら遊んでみたくないですか？　ＣＭにかける費用があれば十分つくれるし、こちらの方がよっぽど長期的な支持者＝ファンの獲得になります。

ＣＭや広告を適切に打つことは否定しませんが、**ＴＯＰ20の常連である『乖離性ミリオンアーサー』はＣＭを打っていません**。大半が打っているのでＣＭを流さなければヤバイと考えがちですが、その前に、**他の有効な使い方も考えてみてはどうでしょう**。

**『ガールフレンド（仮）』**
高校が舞台の学園恋愛ゲーム。

**オワコン**
ユーザーに飽きられてしまい、ブームが去ったコンテンツ。「終わったコンテンツ」の略。

**『グランブルーファンタジー』**
Ｃｙｇａｍｅｓから二〇一四年より配信開始されたファンタジーＲＰＧ。

スマゲをコンソールのゲームにしたい方、プロデュースしますよ！

## 今後どんなゲームが売れるのか、全力で考えてみた（安藤）

テーマ→ターゲット→プラットフォームと来たので**ゲームシステムの話をします。**加えて表題にあるような質問をよくされます。厳密には**「今後スマホでどんなジャンルが来ると思いますか？」**と聞かれることが多いのですが、108ページ「ゲーム制作、これがないとヤバイ。」の項で述べた通り、お客様はジャンルでゲームを選ばないので、このような質問はナンセンスです。最終的に売上につながる作品の色気に関してはテーマがその多くを握っていますが、ベースとなる遊びにも時代の気分があるのも事実です。そこで、一つの可能性を考えてみましょう。

**これからはスマホでも、**
**（A）「対戦」が来ます。**
**（B）遊んでいない人も楽しめる「価値」がないとダメです。**

どちらかといえば今後は（B）の要素がとてもアツくなり、**（B）を最大化**

**アーケードゲーム**
ゲームセンターなどに置かれる業務用ゲーム機でプレイするゲーム。

**『ストII』**
『ストリートファイターII』の略。カプコンから一九九一年にアーケードゲームとして登場した対戦型格闘ゲーム。

**DotA**
『Defense of the Ancients』の略。米国のBlizzardから一九九五年に発売された

**しやすいゲームシステムが（A）**といった感じです。（B）を満たしていれば対戦である必要はありませんが、これまでのゲームの歴史だけを見ると、**対戦に帰結することが多い**でしょう。

特に設置型のゲーム機を用いるアーケードゲームに関しては、ほとんどが対戦を軸にして運営やイベントが回っています。**対戦が軸になると、お客様の支払う熱量（コスト）がプレイスキルを磨くことに割かれます。**運営側は、すぐに消費され尽くしてしまう物量を作り続けることからある程度解放され、ゲームのチューニングに集中できます。よって物量の投下に比例することなく、お客様のモチベーションを高めることができる。『ストII（ストリートファイターII）』の時代からアーケードが基本にしてきているこのやり方は、量産作業に日々追われている開発者への一つの回答です。ＰＣゲームのDotA（『Defense of the Ancients』）や『ＬｏＬ（League of Legends）』を見ていても同じことが言えますね。

アーケードゲームの制作者で感度が高い連中は、ここの相関・連動性をよく理解しており、**「アーケード↑↓ＰＣゲーム」の流れが生まれつつあります。**二〇一六年にサービスは終了しましたが、『ロード オブ ヴァーミリオン アリーナ』や『ガンスリンガー ストラトス リローデッド』がそうでした。**アーケ**

『WarCraft II』を改造・機能追加できるプログラムで、ゲームのジャンル名としても使われる。

**『ＬｏＬ』**
『League of Legends』の略。米国のRiot Gamesが二〇〇九年に運営開始した。

**『ロード オブ ヴァーミリオン アリーナ』**
スクウェア・エニックスから二〇一五年に配信された、オンライン対戦型トレーディングカードゲーム。ＬｏＶＡとも。

**『ガンスリンガー ストラトス リローデッド』**
アーケードゲーム『ガンスリンガー ストラトス』のＰＣオンラインゲーム版。スクウェア・エニックスから二〇一五年に配信された。

**ードにわざわざ足を運ぶ動機がスポイルされなければ、今後ここにスマホが入るのは時間の問題です。**アーケードの稼働時間外も同様の体験をさせるために、またはそれ単独でも良質な対戦ゲームがスマホのストアに並ぶことになる。

例えばＳＥＧＡの『ワンダーランドウォーズ』はスマホにアレンジしたらすごく売れると思います。ＳＥＧＡのＭＯＢＡ系ゲームといえば『デーモントライヴ』という意欲作がありましたね。とても要素が多い作品でしたが、あれがスマホ向けにもっと収斂《しゅうれん》されると集大成になるかもしれません。

『ワンダーランドウォーズ』のようなＭＯＢＡはスマホに向いています。古くはGameloftの『Heroes of Order & Chaos』がありますし、最近ではSuper Evil Megacorpの『VAINGLORY』がまさにそう。特に『VAINGLORY』はお金を払わずにずっと遊べるので、売上でビジネスをするつもりがない（ほとんどを投資によってまかなっているのでしょう）ように見えますが、マネタイズにも本腰を入れた作品が出たときは爆発するでしょう。

日本ではＭＯＢＡと言われても、コア過ぎてピンとこないお客さんがほとんどでしょうから、そういった売り文句ではないけれども、中身は実はＭＯＢＡというゲームがいいですね。『剣と魔法のログレス』はライト層にＭＭＯＲＰ

**『ワンダーランドウォーズ』**
セガ（現セガ・インタラクティブ）が二〇一五年に稼働を開始したアーケードゲーム。

**ＭＯＢＡ**
Multiplayer Online Battle Arenaの略。複数編成・リアルタイムで戦う、マルチプレイヤー向けバトルゲーム。

**『デーモントライヴ』**
セガネットワークスが二〇一三年に運営開始した、スマートフォン用協力対戦型バトルＲＰＧ。

**『Heroes of Order & Chaos』**

Gと意識させていませんが、あの感じです。例えば『妖怪ウォッチバスターズ』にプレイヤー同士の対戦要素が入った瞬間、もはや完全なるMOBAです。このくらい見た目がスマホ向けにPOPにプロデュースされたものが国内では勝ちます。

## なぜスポーツ観戦は盛り上がるのか

次に、二〇一五年より日本版配信が始まったスクエニのタクティカルRPG『ヘブンストライク ライバルズ』を見てみましょう。

この作品は「対戦」がエンドコンテンツ（プレイヤーが最終的にお金や時間のコストを払い続けることができる要素）になっています。**「対戦」は欧米の人が特に嫌うPay to Win（課金額で勝敗や優劣が決まってしまうゲーム）になりにくいという特徴があるので、世界展開がしやすいというメリットがあります。** Pay to Winでないということは、お金をかけずに遊ぶことができるということなので、長期的な売り上げを維持できるかが課題にはなりますが、この作品は良い出だしになっています。

エンドコンテンツとして対戦が優秀であることに皆が気づくのは、時間の問

フランスのGameloftから二〇一一年に配信されたオンラインゲーム。

**『VAINGLORY』**
Super Evil Megacorpから二〇一四年に配信されたオンラインゲーム。

**『剣と魔法のログレス』**
Aimingが開発、マーベラスが二〇一一年より運営するオンラインRPG。

**MMORPG**
Massively Multiplayer Online Role-Playing Gameの略。大規模多人数同時参加型オンラインRPG。

**『ヘブンストライク ライバルズ』**
世界中のプレイヤーとリアルタイムバトルが可能。

題です。結果、対戦機能が標準化され、数年後にはそれ自体が陳腐化することになります。その時に生き残っているのが前述（B）の要素を持っているもの。遊んでいない人にもバリューがあるタイトルです。それは何か？

## 一つの答えが「e-Sports」です。

e-Sportsはゲーム対戦をスポーツ競技にとらえ、世界規模で高額賞金がかけられる大会も多いジャンルです。世界競技人口は六万人に迫る勢いで、アマチュアからプロゲーマーまで参加し、プロリーグも存在しています。

アソビモが二〇一五年、東京で開催したスマホ向けオンラインゲームタイトルによるe-Sports大会「GO-ONE 2015」での賞金総額は一千万円相当でした。またAimingがプロチーム「DeToNator」のメインスポンサーに就任するなど、日本でも活気づいてきました。

競うことができるゲーム、賞金を出す主催者、参加するプロゲーマー、それをサポートするスポンサーがいれば、あとはお客さんが入ることで興行として成立します。プレイヤーが獲得する賞金がクローズアップされがちですが、そこも含めて**「イベント自体が盛り上がっているかどうか」が大事になってくる。**

e-Sports
一九九七年より発展。プロリーグが作られ、世界各国で大会が開催されている。

ほとんどのプロスポーツがアメリカで興行化されていったように、e-Sportsもエンターテインメントとしてビジネス化できるかどうかが鍵になります。そのために必要なルールや放送形式などをいち早く整えて完成させ、ゲームを遊んでいない人、つまりスポーツにおける**「観客」に最もリーチしたゲームが売れる**と思います。

これが何を意味するのか？　今後はゲーム制作・運営の職掌に、スポーツ中継に近いリアルイベント向けの要素も入ってくるということです。

制作もこの範疇に入れましたが、それはなぜか。**熱狂できるスポーツは観客が見てあらかじめ「そのようにゲームが設計されているから」**です。

なぜＮＢＡでドラマティックなブザービーターが起こるのか？

なぜアイスホッケーの1ピリオドが二十分間に設計されているのか？

ＮＦＬのハーフタイム、Ｆ1のピット戦略、サッカーのゴールデンゴールやＰＫ、これらはすべてイベントが盛り上がるためにデザインされています。当然、ゲームデザインも同じ。現在はこれを意識せずに出来上がった作品へ無理やりゲーム実況を放り込んでいる感じですが、まだまだ洗練の余地がありますよね。

**ブザービーター**
バスケットボールで、ピリオドや試合が終了するブザーと同時に放たれたボールがゴールに入るシュートのこと。

e-Sportsにもいずれボクシングでのパッキャオvsメイウェザーのような「高額ファイトマネーで夢の一戦が実現」といった状況が生まれるかと思うと、今は未来過ぎて荒唐無稽な感じがしますが、選手権の組成や放送のマネタイズ化に長けたアメリカのような国が本気で取り組むと、リアリティが出てきますね。

一方、日本人は料理をも対戦化してテレビで流し、良質なエンターテインメントにしてしまいます。お坊さんのバラエティー番組が成立する国なんて、なかなかありません。

そう考えると、**ゲーム業界とテレビ業界は今後一層近くなるでしょう**。そのうちe-Sportsでも、プロレスのような興行を打つ人が現れるわけです。ゲームを中心にどんなブック（段取りや筋書き）が展開されるのか？　想像するとかなりウケますね。

最初に言った「(B) 遊んでいない人も楽しめる『価値』がないとダメ」という一例をアメリカンスポーツ中心にたとえるとこのような感じですが、静的に戦略を論じあいながら見るラグビーや、もっと言えば囲碁将棋チェスの解説、感想戦のようなものでも良い。麻雀における『THEわれめDEポン』みたいな感じでも、『着信御礼！ケータイ大喜利』のような感性で勝敗がつくようなものでも、とにかく**盛り上がればどのような形でも良い**のです。**観客や視聴者と一緒に〝何が盛り上がるのか〟を考えてゲームをつくる**、ないしはすでにある遊びをイベント向けに洗練させていく。ライバルが多すぎる業界ですからこのくらいの差別化は当たり前にやらないと勝てない時代です。

スポーツ、テレビ、ゲームがそれぞれ持っていた面白さが、どこにでも持っていける端末（スマホ）、参加容易な仕組み（インターネット）、どこでも同じサービスが楽しめる環境（クラウド）、これらの組み合わせによって新しいエンターテインメントになる。

めっちゃ新しいものになりますね。

そろそろスマホ単体でのゲームビジネスは限界を迎えてきています。要するに**お金がかかる割に当たりにくい**、リスクを取る人が減って、似たようなゲームが増えてお客様も飽きる……。こんな状態になる前に、大胆な変化を起こす必要があります。そのためにどうしたらよいか？　最近はそのことばかり考えています。

**ン』**
フジテレビで放送される麻雀バラエティー番組。

**『着信御礼！ケータイ大喜利』**
NHKで放送されていた、視聴者参加型バラエティー番組。

## 開発初期段階で必ず決めなくてはいけないこと（岩野）

最近自分も立ち上げたばかりの企画をまさに詰めている時期なので、自戒の意味も込めて書きます。

企画が売れるかどうかは「テーマ」「ターゲット」「ゲーム性」「タイミング」などなど、様々な要素が絡まって決まりますが、いかに秀逸なテーマで、それがドンピシャにターゲットに刺さっていようと、そのゲームが**運営を意識した構造になっていない限り売れません。**

「そんなことは当然考えている」という声が聞こえてきそうですが、**実際世に出ているゲームの多くは十分に考えられていないものが多いです。**それは、これまでモバイルのＦ２Ｐタイトルで売ってきた会社やチームであってもそうですし、あるいはそういった成功体験があるからこそ陥りやすい落とし穴なのかもしれません。

特に最近は、**リリース時は売上ランキングを駆け上がっていくものの、しば**

**らく経つとガクッと落ちてしまうパターンのタイトルをチラホラ目にします。**
こういったタイトルはまさに運営を十分に意識できていないからであるように見えます。リリース時にランキングを駆け上がれるのはお客様の興味を引いている証なので、それが継続できないというのは非常にもったいない。

Ｆ２Ｐモデルのタイトルは運営開始後が本番ですし、右記のようなことにならないように「運営を意識した構造にする」ということは、開発初期段階で最も気を使いたいポイントだと思います。

あくまで個人的な見解ですが、運営を十分に意識できないのは、そもそも考えていないというのは別として「過去のヒットタイトルのやり方を鵜呑みにしすぎている」「過去の成功体験に縛られている」「商品のクオリティーを高くしすぎた（量産しづらい）」などなど色々考えられますが、**元をたどれば見積もりが甘い**、ということに尽きるかと思います。偉そうなことを言っていますが、実はこれは過去に自分が手掛けたタイトルでまさにあったことでして、その**失敗経験があったからこそ痛感している**ことだったりします。

また、かつてのソシャゲと、現在そして今後のＦ２Ｐヒットタイトルとでは気にするポイントがちょっと変わってきているので、その点を特に意識しないと爆死します。

## 運営を意識する、そのポイントとは

では、そもそも運営を意識するということがどういうことか。私がポイントにしていることをいくつか挙げてみたいと思います。

### 一　商品を追加する物量と頻度

売り物がなければ売り上げは上がりません。適切な物量・頻度で売り物を提供していく必要があるので、その体制を築けるかどうかあらかじめ想定しておく必要があります。

### 二　イベントを追加する物量と頻度

買った商品を楽しむ場がないと、買うモチベーションが上がりません。商品を提供するタイミングでそれに合わせたイベントも必要です。

### 三　データの容量

いくら商品やイベントを追加できる体制が整っていたとしても、その都度データは増えていくので、それがあまりにもスマホを圧迫するとなるとお客様がアプリを消去するきっかけになります。データの容量増加対策はとても重要。

## 四　ギミックを追加できるゲーム性

商品のバリューをただステータスのインフレで解決するだけでは、これまでに買った商品がゴミとなってしまい、継続して買うモチベーションを下げます。また、同じことを繰り返すだけではゲーム自体に飽きがきてしまう。

一～三に関しては、当たり前のことなので当然どんな企画でも考えるところだと思いますが、ここの見積もりが甘く、結果運営開始後に苦労されているケースは多いのではないでしょうか。特に最近のタイトルは見た目もゴージャスにしないと売れないためか、**商品クオリティーを上げることを優先して、安定的に商品を供給できないタイトル**をわりと目にします。

私が以前プロデュースして早々に配信停止をせざるを得なかった『オカルトメイデン』というタイトルもこのパターンでした。このゲームの最大の特徴は、登場人物がハイクオリティーな３Ｄモデルで作成されており、バトルシーンで

**ギミック**
興味を引くための仕掛け。ゲームの楽しさを広げるためのシステム。

**『オカルトメイデン』**
スクウェア・エニックスから二〇一三年に配信されたオンラインバトルブロマイドＲＰＧ。美少女の戦闘シーンをスクリーンショットで撮ると、「神楽符」と呼ばれる獲得カードになる。

は着せ替えた衣装や武器が即時反映される点でした。もちろん配信停止はゲームサイクルや課金の仕組みそのものなど、他の理由も重なったものではありますが、この**クオリティー維持が一因となった**のは間違いありません。リリース直後のダウンロード数は、新規ＩＰとしては非常に多い部類だったのでとても残念で、それだけに深く反省したものでした。

そして四に関しては、一〜三とはまた性質が異なり、まさに先述の「かつてのソシャゲと、現在そして今後のＦ２Ｐヒットタイトルとでは、気にするポイントがちょっと変わってきている」という部分です。その違いを一言でいうと、**「動的な商品バリュー」**ということかと思います。

そもそもガラケーからスマホになり「フルタッチデバイス」「端末の高スペック化」という点が大きく変化したわけですが、それによりイラストや数値の変化だけでは商品バリューを出しづらくなりました。商品バリューが低ければ、当然お客様はその商品を欲しいと思わず、結果売上が上がらなくなります。よって商品バリューを高めるために、各社いろんな工夫をしてきました。ガラケーのソシャゲ時代から含めて商品バリューを上げるために登場した代表的な例を挙げてみます。

・パラメータを高くする
・イラストのクオリティーを上げる
・ボイスをつける
・ド派手な演出のスキルを上げる
・キャライラストが動く（３Ｄキャラになって動く、など）
・新ギミックを搭載する

例は時系列で並べてみたのですが、最近のものほど動的な仕組みでバリューを高めていることがわかります。そして、**最後の「新ギミックを搭載」こそが、運営を意識する際のポイント「四　ギミックを追加できるゲーム性」なのです。**

「ギミックを追加できるゲーム性」を一言で説明すると、「ベースとなるゲーム性の上に**新しいギミックを追加し、都度新体験を提供していく**仕組み」……ということなのですが、これだけだとイマイチわかりづらいと思いますので、ヒットしているゲームや自作のゲームで例を挙げてみます。

**パラメータ**
キャラクターの能力数値など。

■『パズル&ドラゴンズ』

・出現するパズル玉の色を制限することで縛りダンジョンをつくる

・パズル玉の色を操作するスキルをつくって、コンボ数を高められるようにする

■『モンスターストライク』

・バトルフィールドや敵の攻撃ギミックを追加して、新しいダンジョンをつくる

・新しい操作ギミックを追加して、プレイヤースキルが関係する幅を広げる

■『乖離性ミリオンアーサー』

・TCG(トレーディングカードゲーム)をベースにしたルールやスキルの追加により、新しいクエストをつくる

字面だけ見るとどんなタイトルでもありそうに思えますが、単に数値の変化だけでなく、キャラクターの動きの変化があったりプレイスキルに影響が出た

TCG
トレーディングカードゲームの略。プレイヤーはカードを集め、ルールに応じて二人以上で対戦する。

りするといったギミックの変化があることが重要です。例えば**『モンスト』**で、**貫通ダメージを与えられる放射状の攻撃や、うまいことタイミングを合わせて攻撃するユニットが登場した**ことがありますが、一ユーザーとして思わず「使ってみたい！」と思いました。ただ数字や絵が変わるだけではこうしたモチベーションは得られません。

ゲームには目的があり、その目的を達成するために準備をし、その準備が成果となって現れます。この時、**その成果はよりドラマチックに演出された方が準備のやり甲斐があります**し、また次も頑張ろうと思える。だから準備（ガチャや強化）のモチベーションを上げるための成果の演出にこそ徹底的にこだわるべきです。「ギミックを追加できるゲーム性」というのは、同じゲームの中で都度新鮮な成果の演出をつくり出すために必要なベースであり、だからこそ今後作るタイトルには必要不可欠だと考えます。

そして、「ギミックを追加できるゲーム性」は途中で変えることがほぼ不可能なので、開発初期段階で詰め切っておく必要があります。新しいゲーム性で挑むぞ！　というプロジェクトでは特に気をつけた方がいいです（逆に言うと、売れているタイトルの側替えプロジェクトの場合は、ある程度筋道ができている分、おかしなことにはなりづらいです。すでに飽きられている可能性はありますが)。

**ソシャゲとスマホゲームの違いはとんでもなくでかい**

また、131ページで安藤さんが「スマホでゲームを遊ぶお客様は、専用ゲーム機のプレイヤーと比べると、『超・超ライトユーザー』です」「プラットフォームによってサービスや内容を変える」と書いたように、専用ゲーム機とスマホゲームとでは、根本的にゲームのつくり方が違います。そして、それはかつてのソシャゲと最近のスマホゲームのつくり方にも同じことが言えます。

極端なことを言ってしまうと、**ソシャゲにはベースとなるゲーム性がほぼなかったのに対して、スマホゲームはベースとなるゲーム性が必要です**。もちろんスマホにも今でも前者の方法で売れているタイトルはありますが、スマホゲーム黎明期に獲得したユーザーが遊んでくれているというのは、かなり稀なケースです。よってゲーム会社がかつてソシャゲで苦戦していたのも、ソシャゲで売っていた会社が今スマホゲームでうまくいきづらいのも、ある意味当然です。**つくっているものがまったく違う**からです。

スマホゲームが台頭してきてかれこれもう六年ほどが経とうとしていますが、まだまだ安定してヒットを出せる会社は少ないです。**そもそもスマホゲームはソシャゲと専用機ゲームのそれぞれの特徴をあわせ持つゲームなので、考えることが倍になります。**とても開発の難度が高い上に、最近は開発費も高騰してきたので、いよいよもって大変な時代に突入してきたと言えます。

だからこそ、**市場にある需要を正しく認識し、適切なサービスを提供するという根本の部分ができないと、当然勝てません。**個人としても会社としても常にそれを意識して、その上で「できないことはできない」「自分の強みはどこなのか」を正しく理解し、それを補ったり生かしていくための動きをしていきたいですね。

## F2Pゲームにおける最強の商品とは？（岩野）

前の項では、開発初期段階に考える事として「運営を意識した構造にする必要がある」と書きましたが、それ以外にも開発初期段階に決めておかなくてはいけないことがまだあります。それは**「何を商品にするか」**ということです。

そこでいきなりですが、F2Pゲームにおける「最強の商品」とはいったいなんでしょうか？

答えはズバリ**「キャラクター」**です。

34ページの「IPを育てよう」で書いた通り、キャラクターは、ほとんどのエンタメコンテンツで最も重要な要素です。ディズニーにせよ、マーベルにせよ、任天堂にせよ、もちろんスクエニにせよ、生み出されるコンテンツには魅力的なキャラクターがいます。そして、そのキャラクターたちは映画やゲームだけではなく、グッズなどに商品化されて**さらなる利益を生み出します**。これは過去の歴史を見てもそうですし、未来においても変わることはありません。

ゲームにおいてゲーム性はもちろん大事ですが、**魅力的なキャラクターなくしてヒットは生まれません**。成熟した市場であればなおさらです。似たり寄ったりのキャラクターが多いわけですから、魅力的でないと目立たないのです。

そしてコンテンツの魅力がキャラクターにあるのならば、**マネタイズは「キャラクターを入手する」あるいは「キャラクターになりきる」ということにフォーカスするべき**で、実際世に出ているゲームは、キャラクターを入手するための「キャラクター販売」だったり、プレイヤーがその世界のキャラクターとなって成長していくための「アバター販売」を主軸に商品展開しています。

売るものが直接的にキャラクターなので、F2Pビジネスにおいてキャラクターは、他のエンタメコンテンツと比べてもより重要性が高いと私は思います。

こうなると、極端な話 **「キャラクターの魅力の高さ＝売り上げの高さ」** となるわけで、**いかに魅力的なキャラクターを生み出せるかが勝負**になります。

アバター販売のゲームと言えど、アバターの魅力はもちろん、プレイヤーキャラを取り巻く環境だったり、世界観に没入するためのNPCなどにわたり、くまなくキャラクターの魅力を高める必要があります。

**魅力的なキャラクターを生み出すには**

ではキャラクターを魅力的にするにはどうすればいいでしょうか？

私が考える場合のポイントを挙げてみたいと思います。

**アバター販売**
プレイヤーがゲーム内で自分を表示させるためのキャラクター（アバター）を販売すること。表情や髪型、服装などを組み合わせる。アバターは分身・化身の意。

**NPC**
Non Player Characterの略。プレイヤーが操作しないキャラクター。

## 一　デザイン

見た目は最も重要な要素です。**人間が受ける印象は、一次情報である〝見た目〟で大体が決まります**。また、バナーなどではシナリオやゲーム性は伝わらないので、視覚情報にこそ最も魅力を注ぐ必要がある。よって、ここにかけるお金をケチってもなんにもいいことはありません。

だからといって、人気のキャラクターデザイナーにお願いすれば万事ＯＫかというと、そうではありません。特にゲームのキャラクターデザインをあまり経験されていない方の場合は、しっかりと開発サイドがディレクションしないといけません。漫画には漫画の、アニメにはアニメの、そしてゲームにはゲームのキャラクターデザインのポイントがあるので、**いかに人気のある方であったとしても遠慮をしていてはいいものはできず**、結果キャラクターデザイナーに迷惑をかけてしまいます。

ちょっと話はそれましたが、キャラクターデザインをお願いするにあたって、私の場合は次のようなところをポイントにしています。

・「シルエットに特徴をつける」

・「上半身、特に頭部にワンポイントをつける」
・「キーカラーを設定する」
・「3Dモデル化するなどして動く時のことを考慮する」

**キャラ同士の印象がかぶらないようにしなくてはいけないので、シルエットや色ではっきり区別することが必須**ですし、アドベンチャーパートではバストアップでキャライラストが表示されることが多いので、**上半身にデザインのポイントを置く必要があります**。また、キャラが動く類《たぐい》のゲームであれば、モデル化した際の見栄えや動かしやすさを考えなくてはいけないためです。

## 二　ギャップ

そして見た目の次に重要なのがギャップです。世の中には、すでに魅力的なキャラクターがあふれかえっているので、キャラクター性においてもただかわいい、ただかっこいいだけではユーザーは満足しません。キャラクターにおいてもインパクトが大事で、可能であれば**新感覚を味わえるもの**であるといい。そういったインパクトを生み出す上で重要なのがギャップです。

**「ギャップ萌え」**という言葉があるように、**そのキャラクターがふと見せる意外な一面というのは心に響くものです**。例えば「ツンデレ」というキャラクタ

**アドベンチャーパート**
一般的にRPGのゲーム進行において、ストーリー展開を担う場面。対して戦闘攻撃する場面はバトルパートと呼ばれる。

**ツンデレ**
ある時には「ツンツン」して冷たく、ある時には「デレデレ」して甘えてくるという二面性を持った性格。

ー性なんかはまさにギャップ萌えですね。今やツンデレも大量生産されてあまりインパクトは出しづらくなりましたが、工夫次第ではまだまだいけると思います。また「クーデレ」「ボコデレ」「シュンツン」などといったツンデレの派生型も存在し、**「普段はツンとしているけど時々○○」あるいはその逆パターン、といった形で様々なバリエーションの作成が可能**です。いかにグッとくる組み合わせを見つけられるかがポイントですね。

他には**「ロリババァ」「ロリ巨乳」といった、「ロリなのに△△」といったギャップの出し方**もあり、このパターンも人気ですね。

他にも色々とありますが、とにかくギャップがあるほどキャラクターは魅力的になります。特に漫画やラノベ、アニメなどはキャラクター性の追求が進歩しているので、それらのヒットコンテンツを見ることも参考になります。

**クーデレ**
「クール（そっけない）」と「デレデレ」。

**ボコデレ**
「ボコる（殴る）」と「デレデレ」。

**シュンツン**
「シュンとする（落ち込む）」と「ツンツン」。

## 三　バリエーション

いかに魅力的なキャラクターを用意したとしても、その方向性が偏《かたよ》っていたり登場人物が少なすぎたりすると危険です。キャラクターへの嗜好は人それぞれなので、**キャラクター性が乏《とぼ》しいとユーザーの母数を稼げません。**

例えばＡＫＢを筆頭に、最近のアイドルはとにかく一人一人の個性を打ち出していますよね。そのコンテンツが様々な人にウケるようにし、そしてその中で**個性を争わせることでコンテンツを活性化**させる。総選挙の仕組みなどはすごく効果的だと思います。前項で触れた『オカルトメイデン』というゲームは、この点においてプレイヤーが操作できるキャラが三人だけしかおらず、反省ポイントの一つでした。

## 四　カップリング

また、最近ではユーザーの二次創作においてカップリングが重要視される傾向が強いです。特に「ＢＬ」「百合」といったジャンルでは**「この組み合わせこそ至高！　異論は認めん！」的な争いすら**出てくる始末。下手に公式でカップリングを言及すると、コンテンツ崩壊の危機にすらなりかねない!?　……というのは言い過ぎかもしれませんが、それほどカップリングが生み出す世界というものはユーザーの妄想を駆り立てます。

しかし、だからと言って**コンテンツ側が計算してカップリングを作ろうとするとボロが出ます**。カップリングによる設定は**あくまでユーザーの妄想によって生み出されていけばいい**ので、コンテンツ側は材料だけ用意すればいいのです。例えば、姉妹、パートナー関係、チーム内の役割設定、師弟関係、ライバ

**ＢＬ**
ボーイズラブの略。青少年男性同士の同性愛。

**百合**
女性同士の同性愛。男性同性愛者が「薔薇族」と示されたことから派生した。

ル関係などなど、ちょっとした関係性を用意するだけで、それをきっかけにユーザーの妄想が広がります。得てしてこういうことは計算してうまくいくものではないので、そこは注意したいところです。

というわけで、こういったカップリングを盛り上げるためにも、ある程度のキャラクター数は必要になってきます。よって「バリエーション」の数はやはり大事ということになります。

## 五　深掘り

ただし、キャラクターが多すぎても良くありません。なぜなら、一人一人のキャラクター性を掘り下げることができないからです。みんながみんな魅力的であったとしても、登場する時間が少なければそのキャラクターの魅力は十分に伝わらず、せっかく作ったのに無駄になってしまうばかりか、他のキャラクターの魅力も薄れます。そもそも覚えきれなかったり、どうしても似たようなキャラが出てきたりして、見分けがつきにくくなってしまいます。

特に**キャラクターをガチャで販売する類のゲームは、このようなキャラクター過多のケースに陥りやすく、**私が手掛けた『拡散性ミリオンアーサー』もそうでした。そこで、同じキャラクターガチャを採用している『乖離性ミリオンアーサー』では、**能力やイラストに変化をつけるなどした上で同じキャラを繰り返し登場させて、キャラクターの深掘りをする**方向にしました。

ただ、最近では同じキャラクターのレアリティ違いを用意したり、キャラクターに武器を装備できるようにし、そこを課金要素にしたりするなどしてキャラクターを増やしすぎないようにする動きもありますし、『スクスト』（『スクールガールストライカーズ』）のように、キャラごとに装備品を用意してキャラクター数を抑えながら売り上げを維持するタイプもあります。今後はそういった工夫をしないと商品展開が難しくなるかもしれません。

以上が私の考える魅力的なキャラクターを生み出すためのポイントですが、他にも色々と方法はあると思いますし、それこそ漫画やアニメの編集者の方などは、より深くこの辺のことを考えていると思いますので、近くにそういった方がいれば話を聞きたいところです。

以前に人づてで、とある編集者の方にキャラクター作りのコツを聞いたことがあるのですが、「そのキャラで〇〇〇ーができればＯＫですよ！」との返事に目からウロコが落ちました。

……全部表記するのはさすがにここでは憚《はばか》られますので、伏せ字にしておきましょう（笑）

**レアリティ違い**
稀少度の違い。ゲームが有利に進行したり、コレクション性が高まったりする。

## ゲームを売る上で一番大事な人（岩野）

開発初期段階に考えることとして、これまで「運営を意識した構造にすること」「商品をどうするか」について触れましたが、次に「ゲームの売り方」について書きたいと思います。

スマホゲーム市場は既にレッドオーシャン。**たとえ面白くてもそれだけでは埋もれてしまいます**。これはコンソールゲーム市場がたどった道と同じで、同様に成熟したスマホゲーム市場においても売り方はちゃんと考えないといけません。そして**売り方もまた、開発初期段階でイメージを固めておくべきことの一つ**です。

しかし売り方を考えるといっても、どう考えればいいのか。ゲームの特性によってアプローチは様々だと思いますが、どんなゲームでも必ず共通することがあります。それは、**ゲームが売れるかどうかは「ファン」がどれだけいるかで決まる**、ということ。だからいかにファンを増やし、大事にするかということを念頭に売り方を考えるべきです。

## **ファンを増やしてゲームを売るために……**

ファンを獲得して増やすには、とにもかくにも新規ユーザーを獲得し、獲得したユーザーを定着させファンにする必要があります。その観点で大事なことが五つあります。

### 一　話題性

ユーザーを増やすには、まずそのゲームに話題性がないと話になりません。**話題性を高めるには「目を引くテーマ」「スタッフ」「パッと見のクオリティー」**など方法は様々あります。スマホゲーム黎明期にリリースした『拡散性ミリオンアーサー』は、当時のスマホゲームになかったスタッフや声優の豪華さ、3Dモデル、アニメPVなど、見た目のインパクトで話題性を高めました。『乖離性ミリオンアーサー』についてもその戦略は同様で、さらにその度合いを高めることを意識しました。

今や豪華なスタッフや声優というのは当たり前になっているので、そこをアピールして話題性を高めようというのはスマホ黎明期よりも難しくなっているのですが、**重要なのはそのスタッフや声優が作品のクオリティーを高めていて、**

PV
プロモーションビデオ。販売促進・宣伝用に作成された映像。

**そして何より彼らにファンがいること**なので、やはり大事にしたいポイントなのです。

例えば、二〇一五年に発表した『ALICE ORDER（アリスオーダー）』もまた、「ファンを増やす」ということを意識した作品でした。イラストレーターのｈｕｋｅさんにシナリオの七月鏡一さん、音楽の林ゆうきさんと、「超能力×ミリタリー」というテーマに対して、思わずプレイしてみたいと感じてもらえるようなチームを作りました。

**『アリスオーダー』**
スクウェア・エニックスから二〇一六年に発売されたシミュレーションRPG。超能力を持つ少女アリスたちが繰り広げるサイキックミリタリーバトル。プロデューサー・岩野弘明。

話題性という意味ではコラボも非常に有効です。リリース前後ではできないことですが、運営が落ち着いた頃にとる手段としては最も効果的です。ただ、**ゲームとコラボ先がまったく交わらないようなテイストのコラボは、いくら新規ユーザーの獲得が狙いと言えど意味がない**ばかりか、既存のファンが離れるきっかけにもなりますのでおすすめできません。

## 二　ゲームの仕組み

新規ユーザーを獲得するには**「プロモーションをがんばる」と考えがちですが、ゲーム自体に新規ユーザー獲得の仕組みを入れておくことは可能**です。というか、そもそもかつてのソシャゲはその仕組みに特化していたといっても過言ではありません。スマホゲーム隆盛となり、ゲーム性を高めることの重要性が増しはしましたが、同じ携帯電話端末のゲームである以上、拡散の仕組みは当然必要。ただし、今のゲームにおいては、ゲーム性や時代に合った拡散のさせ方を考えるということが何より重要なのだと思います。最近では、『モンスト』や『乖離性ミリオンアーサー』で実装している**「協力プレイ」などは拡散する仕組みのトレンド**で、ユーザーのセルフプロモーションを促すきっかけになります。

また、スマホゲームではありませんが、**秀逸だと思ったのが『プリパラ』の「パキる」システム**です。プレイヤーのマイキャラが記録された「プリチケ」を、パキッと二つに割ることで、プレイヤー仲間と共有できるのです。名刺交換的なやり取りが「背伸びしたい年頃」の女の子にばっちりハマっていますし、**コレクション要素にもなりうる上、攻略のお助け要素**としても機能しています(すごい!)。

さらに、**獲得した新規ユーザーを定着させるための仕組み**も、また大変重要

**協力プレイ**
二人以上のプレイヤーで攻略するゲームスタイル。

**『プリパラ』**
タカラトミーアーツとシンソフィアが開発し、二〇一四年に稼働開始した女児向けアーケードゲーム。

です。根強く効果的な仕組みとしては、113ページでも触れた集団で戦う「GvG」がありますね。GvGはコアユーザーの離脱を防ぐ仕組みとしてとても有効ですし、コア向けではあるものの、少ないプレイヤー数で安定した収益をあげられるのが良い点です。ただすでにGvGモノも多いため、新規で課金していただけるお客様を獲得するのは難しくなっているという側面もあります。

そして138ページからの安藤さんの話にもありましたが、**対戦要素があればエンドコンテンツとして機能するだけでなく、大会などのイベントが盛り上がります**。そしてゲームだけでなく、うまいプレイヤーにも人気が出てくればファンがつき、ゲームがより盛り上がっていきます。

**エンドコンテンツ**
ゲームで最高レベルに達した後などにも、繰り返しプレイを楽しめる仕様。

## 三　情報の出し方

どのように情報を出していくのかも大事です。最近はタイトル数が増えて情報が被りがちなので、**ただ情報を出すだけではすぐに埋もれます**。少し前まではリリース前のプロモーションはほとんどなかったスマホゲームも、最近ではコンソールゲームのように**リリース数か月前から小分けに情報出しをしているタイトル**が増えてきました。とはいえ、それだけでもやはり不十分で、印象的なやり方で継続的に情報を出すことが重要です。

また34ページで「ＩＰを育てよう」という話をしましたが、これはよりそのコンテンツの注目度を上げて売りにつなげるためです。そうであれば、ゲームだけでなく**作り手がＩＰとなる**方法もあるのではないでしょうか。例えばミストウォーカーの坂口さんやレベルファイブの日野さんは自身がすでにＩＰとなってファンがついており、「この人が手掛けたゲームなんだったらとにかくやってみよう」という気持ちにさせます。

もちろんお二人は実績もあり、トップオブトップのクリエイターなので当然ファンがいるわけですが、必ずしも彼らほどの実績がないと成り立たないわけではないと思います。

今はニコ生主《なまぬし》の人気が芸能人に迫るほどの勢いになっています。じゃあ彼らに元から実績があったかというとそうではない。とにかく面白いことをやって注目を集めるということから始めています。立場や目指すものは違えど、我々だってまずは**注目を集める努力をすることで認知度が上がっていき**、少しずつでも応援してくれる人を増やしていき、自分の手掛けるゲームを遊んでくれるきっかけにつなげていける。そう思っています。

**ニコ生主**
ニコニコ動画のユーザー生番組配信者。ニコニコ動画はニワンゴが運営。ニコニコ生放送での動画配信・共有サービスを行っている。

それはユーザー向けに限った話ではありません。インディは別として、基本的にゲームは一人ではつくれません。一緒につくる仲間が必要です。でもその仲間を集めるためには、発起人に信頼がないといけない。その信頼は会社の名前だったり、自身の実績だったりするわけですが、**より個人の信頼を高めるための動きはできます**。

この本にも私自身のノウハウを結構書いているのですが、普通に考えるとノウハウを自らさらけ出すことにメリットは少ないです。でもこの本を読んでくれたクリエイターが「こいつとだったらゲームを作りたいな」と少しでも思ってくれるなら、その方がいいと私は思うのです。

### 四　面での展開

「面」とは、いわゆるメディアミックスを指します。情報を広げる場所は、一つよりも複数あった方が当然広まりやすいです。そのため『ミリオンアーサー』では漫画やバラエティー番組、ライブなどの展開も行ってきました。こういった展開は**新規ユーザーを獲得するだけでなく、既存ユーザーをファン化させることができます**し、「このタイトルにはまだまだ力を入れていくつもり

**インディ**
インディペンデント（独立）を原義とする、メジャー企業とは異なる個人などによって製作される作品。インディーズ。

だ」と、**ファンへの安心感を与えることができます**。そして、そういったファンが増えていくことによりタイトルはＩＰ化していきます。

こういった展開を進めるにはとにかくスピードが重要で、かつそれぞれのメディアで儲けに走りすぎず、**ＩＰの成長を第一に考えることが大事です**。ちなみに『ミリオンアーサー』はというと、実はまったく想定通りに展開できていません。色々と突破しないといけない壁があったり、そこに立ち向かう戦力が不足していたりと様々な悩みがあり、まさに今後の課題ですね。

## 五　オフラインイベント

海外ではすでにe-Ｓｐｏｒｔｓが盛んですが、日本でもこれから確実にきます。「二　ゲームの仕組み」でもちょっと触れましたが、e-Ｓｐｏｒｔｓで勝つという目標のためにプレイヤーはそのゲームを遊び続けますし、そんな彼らにファンがついて一緒にゲームを楽しみます。そうしてそのゲーム自体のファンが広がっていく。『ストリートファイター』シリーズや『リーグ・オブ・レジェンド』などはまさにその成功例です。

個人的にはゲームというエンタメにおいて、**これほど熱狂的にファンを作り出す仕組みは他にない**とさえ思います。そんなe-Ｓｐｏｒｔｓでファンを増

**『リーグ・オブ・レジェンド』**
↓139ページ脚注『ＬｏＬ』参照。

やすために、今後はスマホゲームと言えど、ｅ-Ｓｐｏｒｔｓで盛り上がるような要素を軸につくるのは王道になってくるでしょう。

また、**ｅ-Ｓｐｏｒｔｓだけではなく、ファンミーティングのようなイベントは定期的にやるべきです。**例えば音楽でいうと、ライブに行かれた方ならわかっていただけると思うのですが、ＣＤで曲を聴いているよりも、生でアーティストの熱を感じながら曲を聴いた方が印象に残りますし、アーティストとの距離感が近づいた気がして、より一層応援したいという気持ちが強くなります。

**この手のイベントは、実際の効果として数字を取りづらいので懐疑的に思われる方がいますが、そうした考えは早々に捨てた方がいいです。**

特にデジタルエンタメは、基本的に生の体験がないだけにすごく有効なんです。

二〇一五年にチケット即完売で１ｓｔライブを行った『ナナシス』も、一六、一七年とライブを開催し好評を博していますが、『アイマス』『ラブライブ！』などのアイドルものは積極的にこういったイベントを催していますし、アイド

**『ナナシス』**
『Ｔｏｋｙｏ ７thシスターズ』の略。Ｄｏｎｕｔｓから二〇一四年

ルもの以外でも『テイルズ』シリーズなどもこの方法で**ファンを定着させて、IPの拡大につなげています。**

また、ガンホーはもともとPCのオンラインゲームでこういった動きを盛んにされていたこともあり、例年「ガンホーフェスティバル」で大人も子供も楽しめるオフラインイベントをスマホビジネスにおいても積極的に展開されていますね。会社が一丸となってこのような動きをされているのはとても素晴らしいと思います。

以上、「ファンを増やす」ということをキーワードにゲームの売り方をいくつか挙げてみました。今後はいよいよおもしろいゲームをつくっただけでは売れない時代に突入してきますので、**いかにファンを増やしてゲームの外側から盛り上げていくかがテーマになってくると思います。**そのためにはどんなことでファンが喜ぶのか、自らが体験することも大事になってきそうですね。

に発売された、アイドル育成リズム&アドベンチャーゲーム。

**『アイマス』**
『THE IDOLM@STER（アイドルマスター）』の略。元はナムコ（現バンダイナムコエンターテインメント）が二〇〇五年に稼働を始めたアーケードゲーム。アイドルプロデュース体験ゲームとして、様々なシリーズに派生した。

**『テイルズ』シリーズ**
ナムコ（現バンダイナムコエンターテインメント）から一九九五年に発売された『テイルズ オブ ファンタジア』に始まるRPGシリーズ。『テイルズ オブ』シリーズとも。

# 第3章 「勝つ」ための秘策

売れるゲームをつくれば、良い数字を残すことになります。それはゲーム市場において「勝つ」ことになりますが、それだけでは足りません。何よりも、おもしろいゲームをつくりたい、そしてお客様を熱狂させたい。その思いと数字は必ずしもイコールではないのが難しいところです。しかし、心つかまれる人がたくさんいれば、そのゲームは数字を叩き出します。おもしろく、多くの人々を魅了するもの。そのためにどのようなことができるのか、考えてみました。

## スマホゲームにおけるプロデューサーの重要性（岩野）

**「今後のスマホゲームはプロデュースがちゃんとできないと売れない」**と痛感します。

当たり前のことを言っていますが、実はここ数年のソシャゲ時代からF2PのスマホゲームのことをF2Pのスマホゲーム（以下、この項ではF2Pのスマホゲームのことを「スマホゲーム」と呼称します）黎明期にかけてはプロデュースをしっかりとできているタイトルは少なかったですし、今もまだまだ少ないです。もちろん私自身もまだまだ反省することが多い今日この頃です。

ただ、**成熟してしまったスマホ市場**であるからこそ、他のタイトルに埋もれないためにしっかりプロデュースを行う必要があります。

**スマホゲームのプロデューサーって実は……**

86ページ「上司と真逆のプロデューサー論」では、現在のスマホゲームにおいてプロデューサーはディレクター的思考も備えるべきだと書きましたが、そもそも世に出ているスマホゲームのタイトル数と比較すると、スマホゲームにはプロデューサーの数が圧倒的に少ないのが現状です。その背景には、売り切りのゲームとは異なる「課金の仕組み」が関係しています。スマホゲームづくりといえば、次のようなイメージが浮かびます。

スマホゲームは儲かるぞ！↓急いでつくれー！　たくさんつくれー！↓でも今後の市場がどうなるかを想像して利益を出すことを考えられるプロデューサーは業界全体を見ても少ない↓**まだ経験が浅くてもできるっしょ！　開発費もそんなに高くないし、つくれつくれ！**

……すごく乱暴な表現ですが、こんな感じに見えてしまうタイトルの粗製濫造《そせいらんぞう》が、スマホゲーム黎明期から現在においてもなお目立ちます。おそらく世に出る前に、終わりを迎えたプロジェクトも多いでしょう。今や開発費もコンシューマータイトル並みにかかるようになってきたので、**右記のようなノリでスマホゲームをつくろうとすると完全に死亡します。**

今では老舗《しにせ》のゲーム会社も多く参入していますが、スマホゲーム黎明期のタイトルの多くは、ソシャゲをつくってきたその延長でネイティブシフトをして

**コンシューマータイトル**
ゲーム専用機向けに作られたゲーム作品。特に、家庭用ゲーム機向けのゲーム作品を指す。

つくる会社が多く、まったくの新規でチャレンジする会社も結構ありました。ただ、ソシャゲはそもそもゲームではなくｗｅｂサービス。ゲーム性ではなく、課金の仕組みをカスタムしていくことで売り上げを出していました。そのため、**プロデューサーという人間がいなくてもエンジニアだけで成り立っていたのです。**課金の方法が多様化してきたソシャゲ後期でも、その仕組みを専門に考える部隊がいたくらい。厳密にゲームプロデューサーの役割をこなしていた人はほぼいなかったと思います。

一方、コンシューマーやモバイルの売り切りゲームにはプロデューサーがいます。すでに市場が成熟しているので、その中でいかに売っていくか、という戦略は**プロデューサーじゃないと考えるのは難しいですし、まさにそこが腕の見せ所**なわけです。

ただ、課金の方法はプラットフォームに依存し、ある程度固定化されているため、課金の仕組みそのものを考えるという作業はあまりありません。

しかし**スマホゲームはというと、ゲームのおもしろさと課金の仕組みの両面を考えた上でどう売っていくかを提案**していかないといけません。

私は売り切りゲームをプロデュースしていた経験もあるので痛感するのですが、**スマホゲームのプロデューサーがプロデューサーの役割をこなしつつディレクター的なこともしなければならない**理由は、売れる課金の仕組みを考えるために、ゲームの仕組みを理解し調整することが必要だからです。

売り切りゲームは課金の仕組みがある程度固定化されているので、売り方をプロデューサーが、ゲームのおもしろさをディレクターが面倒を見る、といった感じで分担できるのですが、スマホゲームだとそれができません。

プロデューサーはゲームの仕様に深く首を突っ込んでいかないと、課金の仕組み、ひいてはどうやって売っていくのかを提案できません。

おそらく開発スタッフの中にはプロデューサーがそこまで口出すな、と思われる方がいらっしゃると思います。でも、それは逆です。プロデューサーはゲームの中身に口を出さないといけない。ただし、口を出すからにはつくっている**ゲームを深く理解した上で、的確な意見を出さなくてはいけない**。それができないなら口を出さない方がマシではありますが、そうすると売れる確率は低くなるでしょう。

ゲームと言えど、**売って利益を出すことが至上命題ですから、**当然「利益を出す」といった視点から売り方を提案していかないとダメです。そうしないと売れないし、それができるのはプロデューサーだけです。あるいはプロデューサーを名乗っていなくても、そういったことを提案していれば、その人がプロデューサーです。

**商品と売り方の違いを自覚する**

「ソシャゲ」「売り切りゲーム」「スマホＦ２Ｐゲーム」はそもそも全然違っており、同じゲームとしてひとくくりにはできません。それぞれ、**そばとラーメンとパスタくらいつくっているものが違います**。同じ麺類でも材料や調理方法は違いますし、すごくおいしいそばを打つ人が同じくらいおいしいラーメンを作れるとは限らないのと同じで、ある商品でうまくいっても、もう一方の商品でうまくいくとは限りません。

しかし、それを理解している人は少数です。ソシャゲや売り切りでヒットさせたものの、スマホゲームではうまくいかない会社や人が多いのは、それが大きな理由だと思っています。

もちろん技術や資金の問題もありますが、それを踏まえて制限のある中でいかに売っていくかを考えたり、そもそもつくるものが違うから挑戦しなかったりという判断をくだすことが重要です。

ただしこれはプロデューサーというよりも、プロデューサーを育成したり雇ったりする、あるいはプロデューサーを用意できなければ勝負はしない、といった**経営サイドにとって重要なことかもしれません。**

ゲームプロデュースの観点でいうと、**「売り文句」**というのも非常に重要な要素です。

中でも衝撃を受けた売り文句が、二〇一三年に発売された浅野プロデューサー（浅野智也）による『ブレイブリーデフォルト フォーザ・シークウェル』（3DS）の**「そのすべては続編のために―」**というもの。

なんというか、メタ的表現というか、それ直接言っちゃうんだ！ という感じというか、とにかく衝撃を受けました。

やはりまとめ記事にも取り上げられ、多くの方の目に触れることとなり、**売り文句とタイトルだけでここまでプロモーション効果を引き出せるのかと感服した**ものです。

**だって「そのすべては続編のために―」って普通思ってても言わないです**

**『ブレイブリーデフォルト フォーザ・シークウェル』** スクウェア・エニックスから二〇一二年に発売された『ブレイブリーデフォルト フライングフェアリー』の完全版として二〇一三年に発売されたRPG。シークウェルは続編の意。

**よ！**　まさに逆転の発想というか、素直にメッセージを伝えるというか、すごいなぁと思って今でも覚えています。

## プロデューサーを育成するには

商品ごとにつくるものの「調理方法」が違うとはいえ、ゲームへの理解やゲームづくりのノウハウ、商売の勘などを押さえていれば、実はどんなフィールドでもプロデューサーとして成果を出せます。うちの会社にもそういう人は少なからずいます。例えば柴プロデューサー（柴貴正）。売り切りもアーケードもスマホもＰＣもあらゆる市場で、かつオリジナルもＩＰも問わず大きな利益を出しているスーパープロデューサーです。

実は柴は私の元上司で、**独自の世界観を持ち、プロデューサーの中でもゲームの仕様に至るまで結構口を出す方で、そして数字に超厳しい**。それで私も何度も怒られましたが、そういったところは見習うようにしています。

私は安藤さんや柴だけでなく、『ＮｉｅＲ』『ドラクエＸ』の齊藤（齊藤陽介）や、スクエニを辞めてＤｅＮＡへ移り、現在は独立されている渡部さん（渡部辰城）、ボードゲームショップ「ドロッセルマイヤーズ」を立ち上げられ

**『NieR（ニーア）』**
スクウェア・エニックスから二〇一〇年に発売されたアクションRPG。

た渡辺さん（渡辺範明）など、凄腕のプロデューサーの下で修業してきて、彼らの仕事をつぶさに見てきたことがとてもいい経験になりました。

こういった文章を書いてはいるものの、座学はそんなに意味がなく、とにかく経験することが大事だと痛感します。お手本になる人と一緒に仕事をしたり、その人の仕事ぶりを後ろについて勉強したりするのが、成長の一番の近道だと思います。周りにそういう人がいないなら、探しに行くところから始めた方がいいと思います。

情報戦であるこのご時世、**周りの情報などよりも、まず自身の戦力という一番大事な情報をちゃんと把握しないと勝てない**ということを一番に知っておく必要があるのです。

**『ドラクエX』**
ドラゴンクエストXの略。スクウェア・エニックスから二〇一二年に発売されたドラクエ十作目、シリーズ初のオンラインゲーム。

## 良い作品をつくるために必要な三つのこと（安藤）

・どういう時にアイデアを思いつきますか？
・良い発想を得るために何をしたらよいですか？
・面白いゲームをつくるためにどうすれば良いですか？
・ゲームをたくさん遊んでおいたほうが良いですか？
・やっておいたほうが良いことがあれば教えてください

などなど……アイデア勝負の我々の仕事において、**知的生産性を高める方法を教えてほしい**というのはしばしば聞かれる質問です。これらに確固たるメソッドはなく、正体すら量的に捉えられるわけでもないので、正確に返事をすると実は**「人それぞれ」**としか言いようのないものです。

とはいえ、そのように答えても感じが悪いし、話もそこで終わってしまいます。そういった時、私は次の三つをやりなさいと答えるようにしています。

**・人と会え**

**・本を読め**
**・旅に出ろ**

これはゲームクリエイターだけではなく、およそ、ものを作り出す人全員にとって大事な「インプットの本質」だと思っています。なぜこの三つなのか？この話をしたいと思います。

二十世紀初頭に米国広告業界で活躍したジェームス・W・ヤングは、著書『アイデアのつくり方』（CCCメディアハウス刊）でこう言っています。（※この本は七十年以上前に書かれたものですが名著です。すぐ読めます）

## 〝草を食べずにミルクを出す牛がいるか〟

**言わずもがな商品やアイデア（ミルク）を生み出したい人間にとって、インプット（草を食べること）はとても大事です。**

一方でインターネットとスマートフォンの出現により、異常なまでのインプット過多になっているのが現在です。放っておいても情報は絶え間なく入ってくるような状態。一方で二十四時間しかない一日の中で可処分時間が増えることは、現代の科学では起こり得ません。結果、**中学生や高校生の年頃から「忙しい忙しい」と言っている。**

私がこの中高生だった頃は、お金はないけど時間はあり「暇《ヒマ》やー」が口癖の友人も多かった。それがこの頃を過ぎると、見ること、聞くこと、やることが多すぎて時間すらなくなってきている。大人だって言わずもがな。前提としてそんな**「超・超・情報過多時代」に立ち向かいながら、膨大なインフォメーションの中からインプットを「選ぶ」必要があります。**

つまり、**大事なのはインプットの質を上げる努力**であり、これができない人はこれから良い作品をつくれません。むしろ情報を浴びすぎて余分な情報を大切なインプットと勘違いしている人が多い。これはインプットではなく「ノイズ」です。

イケてない草を食べまくったところでおいしいミルクが出るはずがありません。では良質な草とはなんなのか？　それが前述の三つなのです。

**人と会え**

あなたの人生を変える大きな出来事のほとんどすべては他人との出会いによって起こされています。したがって〈人と会わない＝人生を変えるほどの大きな出来事は起きにくい〉と考えるべきです。

**今なぜこの会社で働いているのか？**
**なぜこのプロジェクトに参加することになったのか？**
**なぜこの職種・部署なのか？**
**はじめてのパソコンやゲーム機を買ってくれたのは誰か？**
**そもそもなぜここで育ち、ここに住んで生きているのか？**

思い返してみれば自分一人で完結して、アウトプットできたものなど一つとしてないはずです。**人との出会いこそが良質なインプットなのは未来永劫変わりません。**

ここに挙げた三つの中で、この一つだけをやっていればほとんど良いというくらい、人と会うことは大事です。しかし、人と会えといっても、同僚や同期など近しくて親しい同じ人間と複数回・定期的に会うというのは、あまり効果的なインプットは期待できませんので注意してください。

なぜならば**気楽な仲間というのは予定調和になっています**。気が楽と書くくらいであり、刺激はほぼないのです。また同じ会社の場合、こういったメンバーで群れると、情報の共有が容易すぎて愚痴を言い合って終わる場合が多い。ストレスの解消にはなりますが、これは良いインプットにはなりません。思い切って別の環境や違う生態系で活躍している人や目上の人など、**話すときに多少の緊張感や良い意味でのストレスがある人と交流を持つことをお勧めします**。

## 本を読め

それでも人に会うのが億劫《おっくう》である、ないしは会いたい人が存在的にも遠くてすぐに会えない場合、**本を読むことで「人に会う」ことの代替になります**。

そもそも書籍はその人間が考えていることが書かれているものですから、それを読むことでその人の考えを共有することができます。**一冊本を読むことで、その人に一時間会って話を聞くくらいの効果があるかもしれません**。

裏を返すと直接その人に会ってガッツリ話し込むと二時間でその人の著作を

二冊読んだのと同じくらいになりますので、可能であれば実際に会ったほうが良いでしょう。
また読書は自分で考える余地がある方がより自分のものになり、アウトプットの発明につながります。よって構造的にそうなりやすい小説などの「物語」を読むこともおすすめします。

「〜しなさい」「〜はやめなさい」「なぜ〜は〜なのか」「だからお前は〜なのだ」「○○力」「知っておくべきN個の方法」みたいな**自己啓発系の本は、迷いがちで他人に考え方を決めてもらいたい人の気休めにはなりますが、これも良いインプットにはならないので注意してください**。バッサリ言い切るのがこれらの本の特徴ですが、**世の中そんなにシンプルではありません**。複雑で多様であることを取り入れることで人間はあれこれ思考し、そこから新たなアイデアが生まれます。

この項目のようなタイトル……もっとそれっぽく書けば「良い作品をつくるために必要な〝たった三つ〟のこと」みたいなエントリーや書籍はこの場合、一番悪いお手本です（笑）。鵜呑みにすると、良いアウトプットにはつながらないので注意してください。**こういうタイトルをつける場合、やる方もビジネスのためか、PVを稼ぐためにやっています。**

## 旅に出ろ

本を読むのが面倒な人、結構いますよね。がんばって旅に出てください。自分が行ったことのない場所であれば近場でも構いませんし、散歩でも結構。まだ人に会うのが億劫なあなた。もちろん一人旅でも良いです。行ったことのない場所に行くと見たことのないものを見られますし、食べたことのないものも食べられますし、会ったことのない人と話す機会だって増えます。これが相当良質なインプットになるはずです。

旅行記を読むのが楽しいのはこれの疑似体験ができるからですが、できれば自分で行ったほうが良いです。そして**できれば遠くに行ってほしい**。旅は自分のモチベーションをどこかで再確認させてくれます。

自分はどんな動機で生きているのか?

何をしたら幸せで、どうなるとストレスなのか?

PVを稼ぐ
PVはページビューの略。サイトのアクセス数を増やすことによって検索エンジンの評価が高くなり、拡散・広告効果を得られる。

自分の本当にしたいことはなんなのか?

……なぜか旅に出るとそれが浮き彫りになることがあります。

また旅行は旅程や、かかる費用を意識しないと実現しません。バックパッカーの自由旅行であれ、高級ツアーであれ、それぞれ路銀(旅費)を考える機会がある。これが**プロジェクトの疑似体験として最適**なのです。

前項で岩野さんがスーパープロデューサーと言った男、スクエニの柴貴正プロデューサー(そう言われて本人はまんざらでもなさそうだった)。彼と私とは中学校から大学まで同級生で、そのうえ職場まで同じという付き合いで、現在彼がゲームプロデューサーとしてそういう感じになっているのは、なんか悔しいんですけど(笑)まさしくその通りで、彼は違う視点から未来を見てゲームをつくれる、数少ないプロデューサーであることは間違いありません。

彼は中学生の頃から、私に比べて全然本を読まない人でした。ただし読んでいる数少ない本が『アルスラーン戦記』や『創竜伝』『銀河英雄伝説』『ロードス島戦記』『吸血鬼ハンターD』に『未来放浪ガルディーン』など……今の仕事の糧になるものばかりで、私もとても影響を受けました。**要するに当時から、**

**ツボはしっかりと押さえていたわけです。**

それが旅になると、誰よりも数からして圧倒している。五年前は南米ボリビアで年を越し、四年前の年末はキリマンジャロから年賀メールをよこし、三年前は南アフリカを旅行して最近話題のジンバブエドルをお土産に持って帰ってきた。**土砂崩れが起きたグルジアで閉じ込められて帰れなかったこともあった。**

僕自身も比較的自由旅行はしますが、柴さんの比ではないし、そもそも旅の楽しさと大事さを教えてくれたのも大学時代に二人で行った一か月のヨーロッパ放浪旅行でした。スクウェア・エニックスのファウンダーである福嶋康博さん（現名誉会長）も、ビジネスの種火を放浪から得ています。**各国をその目で見て回り、先進国に未来、これから伸びる国に過去、日本の立ち位置を現在にアジャストして、時代の気分を読み、今後どういうビジネスが流行るのかを事業計画していった**そうです。

スーパークリエイターは、**人のゲームをあまり遊ばない方が思いのほか多く、**一方でこの三つの要素に関して、そのいずれかで突き抜けている人が多いような気がします。ゲームを数やればやるほど、発想に良いわけでもないのです。

また本や人であっても、やたら数を読めば良い、たくさんの人に会えば良いというわけではなく、**一つひとつをどれだけ深い思考のきっかけとして捉えられているかが大事です。**

常に人に接触する環境、本の虫、旅行の達人……つまりは**新しいものへの「好奇心」の塊《かたまり》。これが常にあるか。**良質なアウトプットを導く一番の秘訣はここです。この三つに当てはまらない、ないしはプロセスは違えど好奇心が薄い人にスーパークリエイターはいません。

成功体験にとらわれず、逃げ切ることなど考えず、常に新しいものを追い求め続けている。そうすれば自然と三つに行き当たりますし、それとてあくまで一例にしか過ぎない。スーパークリエイターにいい意味で子供っぽい人が多いのも、好奇心の持続が原因かもしれませんね。

繰り返し書きますが、この命題に明快な答えはありません。しかし、一つの考えるきっかけになれば幸いです。インプットに関しては100ページの「打席に立つために必要なこと」でも岩野さんが書いていますね。これとあわせて考えてみると、さらに良いかと思います。

## 日本のスマホゲーム業界が危うい（岩野）

『乖離性ミリオンアーサー』の中国展開の発表のため中国に出張した際に、改めて痛感させられたことがあります。それは、**「中国のオンラインゲームをつくる技術は日本の数段上をいっている」**ということです。

ＰＣオンライン文化をベースに発展している国だけにそりゃそうではあるんですが、ＰＣのみならずスマホについてもすでに大きく水をあけられています。

そもそも中国のスマホゲームがどのくらいすごいことをしているのかというと、

**・ほとんどのプレイヤーが速度の遅い3G回線という環境の中**

**・数十～数百万もの〝同時接続〟を可能にし（App Storeセールスランキングの「夢幻西遊」は同時接続二百万を超えます）**

**・ロードもサクサク**

**・堅牢なチート対策**

**・一つのゲームに様々な対戦モードがパッケージングされている**

チート対策
クライアント（プレイヤー）がサーバーの管

というとんでもなさ。

同じくMMOや対戦モノの文化の韓国と比べても、３Gの環境や人口の多さという背景がある中で、スムーズに遊べるゲームをつくり上げている中国の技術力はすごい。日本では、数千数万の同時接続を実現するだけでも苦労しているケースもあるくらいなので、**完全に置いていかれています**。

もちろん、３Gや膨大な同時接続を可能にするために素材のクオリティーを犠牲にしていたりもしますが、そういった見極めができるということ自体オンラインゲーム開発に慣れていますし、やはりそういった部分も含め、先をいっていると言わざるを得ません。

ちなみに、中国のゲームといえば**パクリゲー**がほとんど、という印象を持たれる方もいると思います。確かにそういったゲームもまだありますし、著名タイトルの影響を受けていたりもするものの、**今や世界観もひっくるめて、しっかり自分たちでつくっています**。

一方日本はというと、**カードソシャゲ時代からやることはあまり変わらず、見せ方で興味を引くやり方のゲームがまだまだ多いのです**。

理するゲームデータを改ざんする行為（チート行為）を防ぐ手立て。

**MMO**
Massively Multiplayer Onlineの略。大規模多人数オンラインでプレイするゲーム。

**パクリゲー**
パクリゲームの略。他の作品を真似たゲーム。

**カードソシャゲ**
キャラクターを示したカードを集めてバトルを行うSNSゲーム。

日本独自のゲーム文化に合わせてゲーム性を高めているゲームもちらほら出てきて、そういったゲームが売れ始めているものの、そこまでのチャレンジをできる会社は少なく、まだまだこれからといった感じです。

すでに欧米産のゲームがセールスランキングの常連に数タイトル出てきていますが、**周りを巻き込んでの遊び、ｅ-Ｓｐｏｒｔｓなどのオフラインイベントの重要性が今後ますます高まっていく中、中国産のゲームがいつランキング上位に進出してきてもおかしくありません。**

このままでは**日本のゲーム会社はいよいよジリ貧**です。

……というわけで、そういった時代に突入するにあたってどう立ち向かっていくかを考えてみました。

## 本格的な黒船到来に立ち向かう方法とは

### 一　海外産のゲームを輸入

かつてのＰＣＭＭＯ全盛時代がまさにこの方法で展開していたのですが、「日本でつくれなければ輸入すればいいじゃない」、という話。

一部のゲームを除き、世界観やマネタイズ、細かなゲーム性の調整といった部分にはカルチャライズが必要で、それは**その文化で育った日本人にしかでき**

PCMMO
PC（パソコン）を使ってプレイするMMOゲーム。

**ません**。そこで、一時期のPCゲーム運営会社のように、海外のゲームを日本向けに運営するように特化した部署、会社として生きていくというのも一つの手です。

また、ゲームを輸出する立場になって改めて思ったのですが、いくら条件が良くても、現地で運営を任せる会社や人に実績や信頼がないと任せる気になりません。だから、スマホ市場で実績を積んだ会社からすると、この方法はありだと思うのです。

実際、二〇一五年にはＡｉｍｉｎｇが中国Perfect Worldのの MMORPG『神魔大陸３Ｄ』を日本で独占ライセンス契約・展開する旨の発表がありましたが、PCオンラインゲームの売り方を熟知されているＡｉｍｉｎｇらしい、さすがの展開のはやさだなと思いました。

おそらくこういったアプローチをしていく会社は今後増えていくでしょう。

**『神魔大陸３Ｄ』**
中国で二〇一四年に運営開始された、スマートフォン向けフル３Ｄゲーム。Ａｉｍｉｎｇによる日本語版は『ロストレガリア』の作品名で二〇一五年秋より運営開始された。

## 二　日本らしさを強めていく

中国の市場を見て改めて思ったことはもう一つあります。それは**「日本のアニメテイストのウケがすごくいい」**ということです。

中国App Storeのセールスランキングを見るとアプリアイコンに「東京喰種《トーキョーグール》」「スラムダンク」「ＯＮＥ ＰＩＥＣＥ」「ガンダム」「ＮＡＲＵＴＯ」といった作品のキャラそっくり……というかまんまなキャラが載っているアプリがありますし、日本のアニメ・漫画・ゲームのテイストを意識したという中国miHoYoの『崩壊学園』もＴＯＰ50の常連だったりします。

一方で中国で日本テイストを自分たちでつくって成功しているのは『崩壊学園』くらいしかない、とも言えます。それは至極当然で、私たちが欧米でウケるようなマッチョテイストの戦争ものをつくったところで全然違うものにしかならないのと同じで、**その文化に合うものをつくれるのはその文化で育った人間じゃないと無理**だからです。

他と同じものをつくったところで本家に勝つのは難しいですし、本家に勝つために頑張るのも手ではあれども、血反吐《ちへど》をはきながら挑むことになります。そうであれば、「日本らしさをとことん突き詰める」というのは優位性を保つ意味で、とても有効だと思うわけです。

また、日本市場は頭打ちの状況だけに、今後は海外展開を視野に入れなくて

**『崩壊学園』**
二〇一五年に運営開始。崩壊現象により人々がゾンビ化した世界と戦う少女たちを描くアクションゲーム。

はならないのですが、海外と同じものを目指したところで二番煎じにすらならない。でも海外でつくれない日本独自のコンテンツを輸出することには可能性があります。

オンラインゲームをつくる技術では負けていると言わざるを得ませんが、**日本独自の文化は他国では生み出せないので、この点こそ突き詰めていきたい**と個人的には思います。ただし、それも技術の発展がないとゆくゆくは置いていかれるので、やはり海外、特に中国の技術は勉強していくべきだと思います。

### 三　中国のゲーム会社と協業

これは単純な話で、技術の強みを持っている会社と、世界観・ビジュアルの強みを持っている会社が一緒につくれば、それぞれの強みを生かしたゲームができないだろうか、という話です。

実際、日本のアニメテイストのＭＭＯやらＭＯＢＡやらが出たら個人的には超やってみたいのですが、ことはそう簡単には運びません。

こういった話はＰＣオンラインゲーム全盛の時代からよくあったのですが、ことごとく失敗してきました。主な理由としては以下のような感じです。

・育ったゲームの違いによる意見の食い違い
・言語や文化の違いによるコミュニケーションロス
・物理的に距離が離れているためコミュニケーションを取りづらい
・協業条件の折り合いがつかない

などなど他にも色々あると思いますが、大体こんな感じです。多数の人間が参加するゲームづくりはコミュニケーションが一番大事なので、その**コミュニケーションの質を高めづらいというのは一番のネック**です。

では、協業という線は全然なしか……というとそうではないと思います。一つやってみる価値はあるかな、と思っているのは**「お互いの担当以外は全部任せる」という方法**。

これは私が海外にゲームを輸出する際にとっている方法なのですが、基本的に全部現地の運営会社に任せて、こちらはほとんど何もしません。もちろん、質問が来るのでそれに返答したり、諸々の事務的な細かい調整などを行ったりする担当者はいますが、ゲームを開発・運営するにあたって、こちらから注文することはほとんどありません。

ちなみにこれは、すでに形が出来上がっているコンテンツを取り扱うからこそ可能な方法ですが、だったら限りなく形が出来上がっているものを組み立てるという形の開発なら成功確率は高まるのでは、とも思います。**例えば、すでにヒットしているタイトルを世界観だけごっそり側替えしてみる、とか。**

もちろん、ゲーム部分には多少のアレンジはあると思いますが、そこもお任せ。ただし、マネタイズに文化の違いはありますから、そこはそれぞれの国で調整する。そういうことができる条件での協業なら、アリなのかなと思います。

この試みで成功しているコンテンツは見たことがないので、実現可能かはわかりませんが、個人的には挑んでみたいところです。

「中国の技術がすごい！」ということはまぎれもない事実ですが、私としてはこのままでは日本のスマホゲーム業界はまずいという危機感を強く持っているので、今後の苦難を乗り切って「世界に通用するコンテンツを生み出していこうよ！」という思いをお伝えしたいです。

だってこのままだと悔しいじゃないですか。

日本のゲームが世界で一番面白い！　と言ってもらえるように日々精進していきたいものです。

## 入力の体験×出力の体験に革命を（安藤）

ライバルが多くなりヒットが出にくくなったとはいえ、最近も『グリムノーツ』など新作のヒットが続きすごいなあと感心しています。それでも、**なかなか『モンスト』『パズドラ』の牙城を中長期的に崩すゲームは現れません。**複数のタイトルが一時期ＴＯＰ３に入ることがあっても、定着することは難しい状況です。なぜなのか？

元も子もないことを言ってしまうと、こればっかりは、つくり続け、チャレンジを続けるしかない……のですが、諦めずにいろんな角度から考えてみるのも大事です。ここで大ヒットを狙うためには〝テーマの設定〟〝ゲームの面白さ〟〝しっかりしたマネタイズ〟〝良質な運営サービス〟以外にも、「ある大事なアプローチ」が重要だというお話をします。

それは**「インターフェイス」と「それにまつわる体験」に革命を起こせるか**、ということです。

**インターフェイス**
ゲームにおいて、プレイする際のコントローラーやスピーカーなどの入出力機器。

先に挙げた〝要素〟に加えてこれがないと、国民的なヒット（大ヒットとはこの規模のこと）になりません。どういうことか？

元祖アーケードゲームからスマートフォンに至るまでの「ビデオゲーム」――ここではコンピューターの演算と独自のインターフェイスが必要なゲームをすべてこう呼びます――は、そもそも紙やサイコロ、鉛筆など「アナログなものだけでは実現できない遊び」をつくり出し、それが多くの人々に価値として受け入れられた。ここからようやくゲームは事業として始まっています。

それは遊びそのもののルールや、おもしろさだけでなく、新しいインターフェイスやそれを操作・共有する体験とともに受け入れられてきた歴史があります。

例えば米国アタリ社が一九七〇年代に開発した卓球ゲーム『ＰＯＮＧ』や『ブロック崩し』は今もパソコンで操作できますが、そもそものダイヤル型のコントローラーがあってはじめて本来のおもしろさが体験できます。私のオフィスには『スペースインベーダー』のテーブル筐体《きょうたい》を譲ってもらって置いてあり、テーブルに座り上から画面を見下ろして、水平方向に生えているレバーと発射ボタンを操作していると、約四十年前のゲームでもめちゃくちゃ楽しく

**『ＰＯＮＧ』**
テレビにつなげて二人で対戦できる。

**『ブロック崩し』**
英語名はBreakout。

**『スペースインベーダー』**
タイトーから一九七八年に発売されたアーケードゲーム。

遊べる。

　これらはアーカイブになっており、色々なプラットフォームでほとんどタダ同然で遊べますが、今遊ぶと昔ほど楽しくないのは、当時のインターフェイスを再現できていないからです。そのくらい**「入力の体験」とそれに応じた「出力の体験」というのはゲームにとって重要**です。


　私がエニックスに入社した当時、すべてのゲーム提案は『ドラゴンクエスト』のプロデューサーである千田幸信さん（当時専務、現在はスクウェア・エニックス取締役）の審査を受けなければなりませんでした。国民的ヒットタイトルを手掛けた方に企画を見てもらうという、その頃は怖いばかりでしたが、今考えればなんとも贅沢な環境で、数々の「金言・箴言《しんげん》」とも言えるメッセージをいただきました。

　その中に**「ゲームにはインプットとアウトプットしかない」**というものがあります。

　私が処女作である『鈴木爆発』のプレゼンテーション（三回やり直しがあった）をした時に、「十年間はわからないだろうけど、大事だから覚えておきなさい」と言われたことです。

二十二歳でゲームの構造すらよくわかっていなかった私は、イメージやキャッチコピー先行のプレゼンをしていました。それに対して、いかに感情的な表現を目指しても、ドラマチックな演出を実現しようとしても、それらはコンピューターに対してのインプットとアウトプットにすぎない。という大原則の話でした。

私がゲーム制作を始めた一九九八年は、初代プレイステーションやニンテンドー64などのゲーム機の全盛期。グラフィックスや音楽・音声にも容量を飛躍的に割り振ることができるようになり、いわば頭で考えていることは、感情のおもむくままに「なんでも実現できそう」な雰囲気がしたものです。

結局、ハードのスペックが進化してもそれらをコンピューターへのプログラム入力と演算に頼るのは変わらないわけですから、**感情のままにつくるなど不可能**。それが本当に腑に落ちるまで私の場合、本当に十年かかりました。二十年近く経った今では前述のように「インターフェイス」と「それにまつわる体験」の重要さは年々深まるばかりで、永遠のテーマになっています。

## 新しいインターフェイスの体験を提示

話は戻って、アーケードゲームの後「ファミコンの頃」はどうだったか？

入力がいわゆる十字キーとＡＢボタンになり、出力はテレビになりました。このスタイルでインターフェイスとその体験に革命を起こしたのは、『スーパーマリオブラザーズ』です。

Ａボタンを押すとマリオが脊髄反射的にジャンプする、十字キーで縦横無尽に駆け回ることができる。その体験は、当時とてつもない世界の広がりを感じたものです。今となってはこのジャンルのゲームはメインストリームではありませんが、ゲームデータが記録できない当時のファミコンと任天堂がやってのけた革命的な入力＆出力の体験でした。

その後すぐ、ゲームデータが記録できるようになり、自分のプレイが継続的に翌日以降にも持ち越せるようになった。技術がこなれ、ＲＯＭの容量を安価に増やせるようになったためです。その時に最も強烈な体験を提示したのが『ドラゴンクエスト』。**この話の視点で『ドラゴンクエスト』を評価すると、セーブデータ＆ファミコン＆テレビを使った強烈な入力＆出力体験だった**とも言えますね。その結果、物語性がゲームに加えられた。

その後も、ニンテンドーＤＳやＷｉｉ、アーケードのカードゲーム、スマホに至るまで時代を切り取った大ヒット作は、ほとんどが「インターフェイス」と「それにまつわる体験」に革命を起こしています。

「それにまつわる体験」の部分を掘り下げると、プレイ体験の共有も大きな要素です。『ＰＯＮＧ』は、もともとジュークボックスの代わりに酒場や飲食店に多く設置されたもの。ビリヤードやダーツのように、複数の人間がその遊びを共有することで流行ったはずです。『スペースインベーダー』が社会現象になったのも「テーブル」に変化して喫茶店に多数導入され、多くのサラリーマンの共有体験になったからです。ゲームセンターだって昔から共有の遊び場です。

ＰＳＰで『モンスターハンターポータブル』が大ヒット、スマホの時代に移り変わっても『モンスターストライク』も体験の共有によって大きくヒットしました。放課後のゲーム共有体験の様子をそのままＣＭで流している『白猫プロジェクト』もそう。ニコニコ動画でのゲーム実況もそうかもしれません。ファミコンの時代も、クラスでゲームの進捗《しんちょく》と攻略を話し合う楽しさがありま

**Ｗｉｉ**
任天堂から二〇〇六年に発売された家庭用ゲーム機。

**『モンスターハンターポータブル』**
カプコンから二〇〇四年に発売されたハンティングアクションゲーム『モンスターハンター』の続編『モンスターハンターG』のリメイク作品。二〇〇五年に発売された。

した。入力と合わせて、これらがしっかりしているものは圧倒的に支持される可能性が高い。

『パズル&ドラゴンズ』の大ヒットも、スマートフォンを使って新しいインターフェイスの体験を提示したからこそだと言えます。コントローラーから一枚の強化ガラスへと入力装置が変化した時に、マッチ系パズルの遊ばせ方とルールを、見事にスマホ向けに昇華させた。だからこそ爆発的に受け入れられたのです。『モンスト』には「引っ張り」、『白猫』にも「ぷにコン」がありますね。

**今あなたのプロジェクトには新しいインターフェイスとそれにまつわる体験が備わっていますか?**

見直してみると良いかもしれません。

二〇一六年には、いよいよ任天堂がスマートフォンの領域に進出してきました。

私は必ず何らかのインターフェイスに関連した発明を連れてやってきてくれると思っています。まだまだ発展の余地はあるはずです。トレンドの分析も確

**引っ張り**
『モンスターストライク』プレイ時の特徴的な動作。敵を攻撃するためのモンスターを、操作画面上で引っ張るように指を動かすことで攻撃に勢いがつく。

**ぷにコン**
『白猫プロジェクト』プレイ時の特徴的な操作。白い半透明のぷにっとしたコントローラーが画面に現れる。

かに大事ですが、この部分でも切磋琢磨《せっさたくま》してお客様を楽しませるものをつくっていきましょう。

## プロモーションの拡散力を高める秘訣（岩野）

「レッドオーシャンだー」、と言われながらもリリースされるアプリの数はそんなに減らず、売れているゲームは売り上げ維持のためにガンガンプロモーションを打つ。今や開発費も高騰し、開発リスクも日増しに高まる一方。普通にゲームをつくっていたのではなかなかヒットを出せない……どころか大爆死と隣合わせな今日この頃となりました。

そんな中ヒットを出すには、ゲームそのもののおもしろさを高めるのが大前提ですが、そこに関しては他のページで色々触れているので、ここでは**売るときの仕掛け**について書いてみたいと思います。

### リリース前後のプロモーションは超重要

運営が必要なタイプのスマホゲームにおいては、時期によってプロモーションの仕方が変わってきます。ざっくり分けると、

①リリース数か月前：雑誌やｗｅｂ記事、Twitterなどでの情報出し

②リリース直前：①に加えて事前登録など
③リリース直後：バナーなどの広告（期待値によってはここでCMを仕掛けたりも）
④リリース二～三か月の間：プロジェクトによって③で全力出したり控えめにしたりまちまちなので、規模が小さくなることもあればここから大きくなったりすることもある
⑤リリース半年後以降：ここまでの状況によって変わる。期待値が高ければさらに大規模に。そうでもなければ最低限の規模

といった感じでしょうか。

一～二年くらい前までは①の必要性があまりないとされていたように見えましたし、とにかく③で**開幕予算ブッパ**みたいに見えるゲームもありました。

これからはというと③はもちろんですが、①や②の重要性が非常に高くなると思っています。あと、④⑤の仕掛けの判断ははやめにした方がいいでしょう。

現状、とにかく厄介なのが**「他のゲームに埋もれてしまう」**ということです。

特に**リリース直後は一番注目が集まる時期なので、そこを逃すと**挽回**するのは**

**難しい**です。それだけゲームの数が多いし、売れているゲームはその分ガンガンお金をかけてきますので。よって①～③の重要性が高くなります。

ただ、バカ正直に埋もれないようにがんばると、**プロモーション費用がもりもり膨らんで**いきます。それはある程度仕方がないのですが、予算にも限りがあります。

そこで、効果的なプロモーションを打つ必要があります。

**情報の「拡散力」を高める**

プロモーションを打つ目的は、認知してもらうことにあります。そのためにCMを打ったりバナー広告を出したりするわけですが、周りも同じことをしているので普通にやっていたら埋もれます。

埋もれないようにするためには、打ったプロモーションを一次的に受け取る**層に、次の層へとつなげてもらう必要があります**。つまり、そのプロモーションを見た人に「このゲーム面白そうだよ」と周りの人に拡散してもらう、ということが重要になります。これができれば、バナーやCM枠、プロモーション予算の限界を超えて認知が広がります。

じゃあどうすればその拡散力が高まるのか。

a　一次的にプロモーションを受ける層（メインターゲット）の母数を増やす
b　思わず周りに言いたくなるネタを仕込む
c　流行ってる感を出す
※「ゲームのおもしろさ・仕組み」も要素の一つですが、プロモーションにフォーカスするのでここでは省きます。

aについてはただの掛け算で、拡散してくれる可能性のある層が多い方が拡散規模が大きくなります。重要なのは、その母数をどう増やすかです。特に新規ＩＰの場合はファンが０人からのスタートとなるわけですから、これをどう増やすかは思案のしどころですが、ここで重要なのが①と②のプロモーションです。**興味を持ってくれる人のハートをつかんでおくことができれば、その人たちが自ら情報を拡散してくれる可能性が高まります。**

ただ、ちょっと前まではそもそも①のプロモーションをかけているゲームが少なく、仮に記事などを出したりしても継続的な情報出しができておらず、あまり意味をなしていなかった（私自身の反省点だったりもします）。②に関しても同様で、**せっかく事前登録に合わせてあの手この手を用いて登録者数を増**

**やしても、リリースする頃には忘れられたり、興味が続かなかったりというケースもあったのではないでしょうか。**

そんな中、①②の期間に「継続的な情報出し」と「拡散のきっかけ」を投入し続けて拡散元の人たち、すなわちファンを多く作り上げていったタイトルがあります。それが『あんさんぶるスターズ！』です。リリース前にもかかわらず公式Twitterのフォロワーは六万人を超えていたかと思います。公式Twitterの履歴を追うと、はやい段階からキャラクター紹介を行い、人気投票やRT拡散を促し盛り上げていました。そうした「情報への関心を抱かせ、モチベーションを維持させた」点に要因があったことがわかります。そこまでaの母数を**増やせれば、拡散力はグッと高まります。**

「つっこみどころ」を用意する

ファンの母数を増やしても、彼らが**思わず拡散したいと思うネタや仕掛けを提供しないことには始まりません。**ちょっと前まで盛んに行われていた「フライングゲットガチャ」なども拡散施策の一つですが、これはウザがる人もいますから、拡散されてもその次の層に広がっていかないかもしれません（『乖離性ミリオンアーサー』でもフライングゲットガチャを実施しましたが、**ウザが**

**『あんさんぶるスターズ！』**
Happy Elements、カカリアスタジオから二〇一五年に配信開始されたアイドル育成ゲーム。

**フライングゲットガチャ**
配信サービス前のゲームに事前登録し、シリアルコードを得ることによって入手できるレアアイテム。SNSと連動させることで拡散効果を生む。

**られすぎて逆にまとめサイトに取り上げられた**ことがありました。結果的に認知は広まったかもしれませんが、諸刃の剣ですね）。しかも最近はシリアルコードの仕組みを使えないので、今後は使えないでしょう。

ここでより強くお伝えしたいことは、拡散の動機がフライングゲットガチャ的な「お得さ」ではなく、**思わず他人に知ってほしくなるネタっぽさ、言いかえれば「つっこみどころ」**であった方がいいということです。

人は誰しも自分のおもしろいと思ったことを周りに知ってほしい、認めてほしいと思うところがあります。**思わずつっこまずにはいられないようなことって、Twitterでつぶやきたくなったりしませんか？** それにこっちの方が、拡散された情報を受けた人が次につなげてくれやすいです。純粋にその情報自体におもしろさがありますから。

実はこの**「つっこみどころ」については、私がプロモーション施策を考える際に一番重要視している部分**で、特になんでも受け入れられる空気を持っている『ミリオンアーサー』のようなコンテンツでは強く含んでいる要素です。例えばサッカーの代表戦でキャラ絵の看板を出すとか、めちゃめちゃ振り切った

**シリアルコードの仕組みを使えない**
App Storeで二〇一五年、シリアルコード機能を搭載するアプリが削除される事案が発生。シリアルコードを廃止するゲームアプリが相次いだ。

内容で『弱酸性ミリオンアーサー』（次項目参照）のアニメを放映するとか。

やり方は様々ですが、この「つっこみどころ」を用意しておくだけで、ファンだけでなくその先にいる人にも拡散をしてもらえる可能性が高まります。つまり、投じたお金以上のプロモーション効果を期待できるわけです。

また、こういった仕掛けはファンの中での盛り上がりを高めることができ、cの「流行ってる感」にもつながります。この流行ってる感が高いと、近くのファンの熱量にあてられ**「なんかすごい熱量で盛り上がってるから自分もやってみようかな」**という形で商品を手に取るところにつながったりします。

すでにファンである、あるいはファンだった人間も「こんなに盛り上がっているんだからずっと続いてくれるはず。安心して楽しめる」「まだ盛り上がってるのか。復帰してみようかな」と考えてくれたりするかもしれません。

なお、「流行ってる感」と書くと、流行っていないものを流行っているように見せかけていると思えるかもしれませんが、そうではなく、**すでに流行っている、あるいは流行りつつある状況を、より見えやすくする**、という意味合いです。ちなみに、ＣＭなどは流行ってる感を打ち出すのに良い手段だったりもしますね。

……と、思わず人に伝えたくなるような「つっこみどころ」という要素を、プロモーションへ意識的に組み込んでみてはいかがでしょうか。

## webアニメ『弱酸性ミリオンアーサー』をつくってみた結果

**（岩野）**

私がプロデュースしている『乖離性ミリオンアーサー』と『拡散性ミリオンアーサー』の中では、『弱酸性ミリオンアーサー』（以下『弱酸性MA』）というゲーム内四コマ漫画を二〇一二年から展開しているのですが、その**『弱酸性MA』をwebアニメにして、二〇一五年からニコニコ動画とYouTubeで配信しています**。その結果どういうことが起こったのかを書きます。

### そもそもの狙い

ゲーム内四コマ漫画は、ちょぼらうにょぽみさんによるギャグもので、『ローゼンメイデン』のスピンオフ漫画『まいてはいけないローゼンメイデン』でも好評を博したちょぼらうにょぽみさんの「原作を引き立てる逸脱性」がいかんなく発揮されています。四コマ漫画は二〇一六年に単行本化され、重版も果たしました（『弱酸性ミリオンアーサー』ちょぼらうにょぽみ著・カドカワ刊）。

実は前から**「ミリオンアーサーをアニメ化してほしい！」**というユーザ

**『ローゼンメイデン』** PEACH-PIT作の漫画。アンティークドールの戦いを描く。

**『まいてはいけないローゼンメイデン』** PEACH-PIT作の漫画『ローゼンメイデン』のスピンオフコメディ。集英社webサイト「となりのヤングジャンプ」で二〇一三年より連載された。二〇一四年単行本化。

ーの中にあったのですが、詳しく言えないものの色々な事情があり、本編である『拡散性』『乖離性』をちゃんとユーザーの期待に沿えるクオリティーでアニメにすることが難しい状況でした。そんな中で「とりあえずアニメ化してみました」的な内容では、既存ユーザーは満足しませんし、はじめてそのコンテンツに触れた方にはＩＰ全体にしょぼい印象を与えてしまうだけとなり、プロモーションとしての効果は見込めません。

そこで、色々な事情をすっ飛ばす形で実現が可能だった〝**短い尺のｗｅｂアニメ**（以下、ｗｅｂアニメといいます）〟に目をつけました。

最近ではテレビでも五分枠のアニメが多く放映されていますし、『モンスト』のYouTubeでのアニメ展開も話題になりましたね。

ｗｅｂアニメの良さには、

・普通に三十分アニメをつくるよりも大幅に安くつくれる
・スマホからアクセスしやすい
・尺が短い分、気軽に視聴できる

・繰り返し見ることも苦にならず、動画サイトなどで再生数が上がりやすい
　といったことが挙げられます。

高いクオリティーの三十分アニメをつくるには、**大体一話二千万円程度、一クールにして大体二億五千万円くらいは必要**で、さらにクオリティーを高めようものならもう少しお金が必要です。また、無理なくつくることを考えると、仕込みも含め二年くらいは期間を見ておいた方がいい。

三十分アニメをつくるというのは、それくらい大変でお金と時間がかかります。そのため、即時性が求められるスマホゲームのプロモーションとしては、なかなか扱いづらい側面があります。

一方、ｗｅｂアニメの場合、お金は十分の一以下で済みますし、尺も短いので、例えば一クール分なら制作期間もうまくいけば半年程度で済みます。

そんな感じである程度つくりやすいとされるｗｅｂアニメなのですが、尺が短ければ構成や演技もそれを加味したものにしなくてはいけないため、どうしても作品との相性が問われます。ざっくり言うと**ギャグモノとの相性が良く、**それ以外は結構つらいです。

実は私は以前、一視聴者として、ニコニコ動画で配信されていた『カッコカワイイ宣言！』のｗｅｂアニメに激ハマりしたことがありまして、同じ話を何度も繰り返し見て楽しんでいたことがありました。**あの尺だからこそ出る雰囲気や、ギャグのキレのようなものがｗｅｂアニメの神髄**のような気がしました。

……と、右記のような事情や流れがあり、今『ミリオンアーサー』をアニメとして表現するなら「弱酸性をｗｅｂアニメだろ！」と思った次第です。

なお、どちらかというと既存のユーザーへのファンサービス的な側面を強めに、新規ユーザーも獲れるといいなくらいの考え方でのプロモーションでした。そのため、話の流れは一切わからんがとにかく勢いの良いギャグを、という感じの内容にしてあります。

**配信してみてゲームはどうなった？**

『弱酸性』アニメを配信してみた結果は非常に好評でして、ニコニコ動画では第一話が配信二週目で約五十九万再生され、**二十四時間の全カテゴリランキングで一位を獲ることができました。**現在は百四十二万再生とカウントを重ねています。また、第二話、第三話もそれぞれ九十一万、百十三万再生を超え、二

**『カッコカワイイ宣言！』**
地獄のミサワ作の漫画。二〇一〇年から『ジャンプスクエア』（集英社刊）で連載された。

〇一七年一月までに四クール全四十八話を配信しました。累計再生回数は全編で三千三百万回を超えています。

ニコニコ動画のコメントを見ていると、

・「話はよくわからんが勢いだけでおもしろい」
・「〇〇さんがこんな演技をw」
・「中毒性がある」
・「ゲームは知らないけどやってみようかな」
・「ゲームはやらないけど弱酸性は見る」

などといったものが印象的でしたが、これは実は**かなり狙い通りの反応**です。

そもそも『弱酸性ＭＡ』は、ゲーム本編の世界観は一切無視のぶっとんだ内容のギャグ四コマです。ですので、それをそのままアニメにするだけでもインパクトはあるのですが、本編のゴージャスな声優の方々がその内容を演じるとなれば、そのインパクトはかなりのもの。**普段見られないような演技を『弱酸性』でなら見られる**、ということで、『乖離性』『拡散性』ミリオンアーサーを知らなかった方にも興味を持ってもらえると考えていました。

そういった方がゲームも遊んでくれたらうれしいですが、**アニメだけ楽しんでもらっても十分です。ゲーム以外も含めたＩＰ全体が盛り上がればいいので。**

とはいえゲームの方にも少なからずいい結果が出ていて、**アニメ配信後には新規登録者数が三倍以上となり、**その勢いは二週間程度続き、今もなお**配信前と比べても多くの新規ユーザーを獲得できている**状況です。

もちろん、『弱酸性アニメ』以外でも様々な施策も含めての結果なので、これがアニメだけの効果とは言い切れませんし、正確に測ることはできません。しかし、**話題性という意味ではかなりの効果があった**と考えています。

その後、『弱酸性ＭＡ』はBlu-ray化されました。

**この結果を踏まえて次の展開を**

以前リアルのカードゲーム（ＴＣＧ）を運営しているプロデューサーから、メディアミックスとしてのアニメは、母体であるＴＣＧを運営している限り、ずっと放映しなくてはいけないと聞きました。理由は、**アニメの終わりのタイミングが、そのコンテンツ全体の終わりのタイミングとなりえるから、**とのことなのですが、確かにアニメで一区切りつけて引退するということは私自身も過去にあったような気がします。

『弱酸性』も可能な限り長く続けたいと考えています。

また、アニメとしては『弱酸性』を長く続けながら、**定期的に三十分アニメをユーザーが満足する形で実現したいと考えています**。『弱酸性』アニメはいわば飛び道具的な面白さで話題性を高めましたが、三十分アニメはまた打ち出し方が変わりますので、三十分アニメなりの仕掛けでもってやりたいと考えています。やはり**元がスマホゲーム**ならではのアニメ展開を仕掛けていきたいですし、『弱酸性』以上の話題性を狙っていきたいところです。

ただ、話は戻りますが、スマホゲームのスピード感やタイミングに合わせたプロモーションであるべきという意味では、そこをちゃんと見据えた展開が必要で、アニメ化は無理にやることではないと思います。

今やとてつもない数のスマホゲームが展開されている世の中ですが、私はこういうやり方でアニメをプロデュースし、ゲームにこういう結果が出ました、というところをお伝えしておきます。

アニメ『弱酸性ミリオンアーサー』公式サイト
http://portal.million-arthurs.com/kairi/jma/
ニコニコ動画
http://ch.nicovideo.jp/sisilala

## スクエニで最もプレゼンがうまいと言われたおれが極意を教えよう（安藤）

タイトルから軽くうぬぼれてみました。私の他にもプレゼンがうまい人はたくさんいますし、良いプロデューサーは皆そうですが、スクエニに在籍した十八年の間、多くの同僚・部下・上司から「安藤はプレゼンがうまい」とよく言われました。どうしてそういったプレゼンができるのか？

分解すると簡単ですので、そのことを書きましょう。

### ■人間はだいたい自分のことばかり考えている

プレゼンで最も大事なのは「相手にちゃんと伝わるか」「相手は何を聞きたいのか」「相手は何を判断する人なのか」など、**「相手のことをいかに考えるか」に尽きます**。ところが多くのプレゼンテーターは「とにかく自分の企画を通したい」「自分が書いた提案書の順番通りに進める」「自分のテンポで話す」「自分で勝手に良し悪しを判断して押し付ける」など……相手のことを考えない人ばかりです。

今回審議される内容、判断をくだす人間が誰なのか。**その人はどのように企画を読むか、事前に徹底的にイメージできるかどうかが大事なのです。**これを怠っている場合は意識してみてください。そうすればおのずと書類の内容、話すべき中身、スピードとテンポ、などが変わってきます。企画書の枚数も一枚にまとめた方が良い場合もありますし、分厚ければ分厚いほど良い場合もあります（ナンセンスですが）。

突っ込まれそうなところをあらかじめ想定して、返答を考えておきなさいと指導される方がいるのも、相手のことを考える習慣づけの一環です。プレゼンは相手によって生き物のように変わりますから、それを読んで臨機応変に対応することが必要です。難しくはありません。**相手と会話するように自然にやればよいのです。**物言わぬ壁に向かって、朗々と順番通りに書類を読み上げるような儀式にならないように心がけましょう。

## ■プレゼンとは過去現在未来のストーリーである

多くの人が「他人は自分の状況のことをよくわかっている」と勝手に思い込んでいます。全然違います。**プレゼン相手のほとんどが、あなたが現在おかれている状況のことを全然知りません。**

「現在」の状況を把握してもらっていると勘違いして「未来」に関することをプレゼンするので、相手に全然届かないのです。「現在」のことをよく知ってもらうためには、そこに至るまでの経緯、来し方、つまり**「過去」の説明が絶対必要**なのですが、これをしない人がいます。こういった人はプレゼンが下手くそです。

これは例えると、**漫画を二巻から読ませるようなもの**です。読んでいる方は、なんで主人公はこの人と戦っているんだろう？　という状態。そこから「これからこの作品はこうなっていきます」「おもしろいでしょう？」と言われても、何のことやらさっぱりわからない。二巻にも「これまでのあらすじ」「主な登場人物」が載っていますよね。あなたのプレゼン資料には、それが足りていますか？

## ■最初からプレゼンがうまいやつなんていない

私をプレゼン上手と言う人によく言われることがあります。「安藤さんは喋《しゃべ》りがうまいから、プレゼンがうまい。」その通りです。喋りがうまいに越したことはありません。でも厳密にはこうです。「安藤は〝練習して〟喋りがうまくなったから、プレゼンもうまくなった。」

今や私も「口から生まれた」と言われるくらいですが、最初はうまく喋れませんでした。なぜできるようになったのか？

**「たくさん相手に伝える機会を持つようにした」からです。**

プレゼン資料を作った段階で頭の中では、ある程度どのように話すかが固まっていると思います。しかしいざ、それを口に出して話してみると、全然思っていたようにいきません。プレゼンが下手な人はプレゼンの時に、はじめて口に出して喋っている人が多いのです。

これは練習計画書だけ作って、練習せずに試合に臨んでいるようなもので、うまくいくはずがないですよね。プレゼン本番（試合）でやることは、資料を使って「話す」ことです。**本番まで一回も声に出さないなんて負けるに決まっています**。資料はあくまで「共有のための道具」だと思ってください。

私は**資料ができたら声に出して予行演習**します。そうすると時間配分や書かなくても良いこと、書くとより伝わることが明確になり資料も磨かれます。身近な誰かにプレゼンをしてみたらいいのですが、恥ずかしければ**ひとりで壁に向かってプレゼンの練習をすればいい**。声に出した後も脳内で何回もしつこいくらい本番のシミュレーションをするのです。

あとはひたすら**プレゼンの機会を増やすこと**。

提案がないときもチャンスは無数にあります。**おすすめは自分が好きなもの、興味を持っているものを友人や同僚に「どこがおもしろいのか」プレゼンテーションすること**。アニメ・漫画・演劇・スポーツなんでも構いません。相手に興味を持ってもらえるくらいにやろうと思うと、なかなかうまくいかないのが、やってみるとよくわかります。批評や批判は簡単なのですが、良いところを的確におもしろく相手に伝えるのは難しいのです。

スクエニでもプレゼンがうまい人たちは、これが抜群にうまい。またこれも数を繰り返すことで、後天的でもだんだん良くなっていきます。そして、なぜ自分が好きなのかがより整頓されるので、ブレが少なくなっていきます。このことで自分が何をしたいのかが明快になるため、**プロジェクトの途中でコンセプトがぶれない**ようになります。

チーム戦が基本のゲーム制作。会議提案でなくても相手に伝える「小さなプレゼン」の機会が多くあります。このプレゼンの積み重ねで、最終的なゲームのアウトプットの品質は間違いなく変わってきます。

**チームメンバーの多くがプレゼン上手である組織は、これからのヒット作を出すでしょう。**またプロデューサーやディレクターのプレゼン力が高いことで、資金・人材など、より良い環境が整えられるのもまた、間違いのないことです。お客様におもしろいと思ってもらえるものを伝えるのも、ある意味「作品や宣伝活動を通した」プレゼンです。意識して実践してみると、**この苛烈な市場に立ち向かえる地力が身につきます。**お互いがんばりましょう。

# 第4章　仕事を進化させるために「変化」する

私たちの仕事を取り巻く環境は、刻一刻と変わっています。その変化に流されたり、押しつぶされそうになったりしても、自己を柔軟に対応させて自らも変わりましょう。同時に、そこには常に「変わらないこと」もあります。人の根底にある熱情。食らいつく勢い。飽くことのなき探究心。そうした熱いものがあるからこそ、人は変化し続けていけるのです。変化とは、進化でもあるのです。

## エニックス創業者の福嶋康博さんが教えてくれたエンタメの真髄（安藤）

私が十八年間お世話になった会社を振り返るとき、現在スクエニ名誉会長であるエニックス創業者、福嶋康博さんのことが真っ先に浮かびます。その福嶋さんから学んだことは、今も忘れることがありません。

大学を卒業してエニックスに入社した時、福嶋さんは社長でした。当時は総社員数が百人強。年末には家族も入れて、全員で忘年会をするような実にアットホームな雰囲気。今のスクエニからは信じられませんが、たった二十年近く前には、社員全員の顔と名前を覚えられるくらいの規模だったんですね。

福嶋さんは現場によく足を運ばれる方でしたが、折にふれて色々な話をしてくれました。振り返ってみると、彼から教わったことには**ヒット作品をつくるための本質が語られており**、私の核になっています。これらはこれからもゲーム制作において必要な「エンターテインメントの真髄」だと私は考えています。最も強烈なメッセージは、彼の考える「ナンバーワンの狙い方」です。

## 『オリジナルタイトルで一位を獲れ』

採用時から一貫して「きみたちには新しいものをつくってもらいたい」と言われてきました。入社して現場に入ってもそれは徹底されており、当時部長だった本多さん（本多圭司氏：のちのエニックス社長、現在スクウェア・エニックス取締役）にも**「新作でチャレンジしろ」**とよく言われました。

実際周りの先輩を見ても、全員がオリジナルの新規タイトルを開発プロデュースしており、『ドラゴンクエスト』シリーズ制作を専門に行う「ドラクエ課」を除いて、当時のゲーム制作部門であった「ソフトウェア企画課」には、続編やスピンオフだけをつくっている人が一人もいませんでした。

業界全体では、まだまだ新規タイトルのリリースが盛んだったとはいえ、大きな売り上げをあげているように見えたのは『ファイナルファンタジー』や『ドラゴンクエスト』『マリオ』のようなシリーズものでした。実際この時期から仕掛けられたゲームにはシリーズものも多く、これが後に「続編やスピンオフ、リメイクばかりじゃないか？」とプレイヤーの皆様にも感じられる時代の端緒《たんしょ》となっています。そんな時代に「とにかくオリジナルでナンバーワンを狙え」と言い続けていた。これはなぜなのか？　当時薫陶《くんとう》を受けたプロデューサ

―それぞれの解釈があると思いますが、私は以下のように理解しています。

## 成功確率の話

みんなが続編やよく似たゲームばかりをつくっているときに、これを分母としてナンバーワンを獲る確率。そして、あまりつくられていないオリジナルタイトルを分母にして一位を獲る確率。どちらの方が獲れる確率が高いのか？「簡単だろ？」と言われました。福嶋さんはものごとをシンプルかつ論理的に考える方です。

いずれにせよ当たる確率はかなり低いので、当たる見込みがある程度つけやすい続編・リメイク・類似ゲームに行きがちなのですが、落ち着いて普通に考えると「そうではないよ」ということを素直に説いています。

## オリジナルが当たると超デカい

福嶋さんはこうも言っています。**「ドラクエも最初はオリジナルだった」**。どこにもないものを当てるのは相当難しい。かといって類似ゲームを当てるのも同じく難しい。同じく難しいのであれば**「当たった時、大きくなる方に賭けなさい」**と。

お客様は新しい体験を求めています。類似商品でも売れることは多々ありますが、はじめての体験が受け入れられた時の熱狂とは比べものにならない。福嶋さんいわく「オリジナルが当たると、二十年その会社の屋台骨を支える」。

一九八六年に『ドラゴンクエスト』が出たときの新しい体験と熱狂は三十年経っても衰えを知りません。一方で多くのＲＰＧフォロワーが出てきましたが**『ファイナルファンタジー』を除いて『ドラゴンクエスト』を凌駕《りょうが》する熱狂と継続をしているものはありません。**

福嶋さんはこうも言われています。**「二番煎じまではかろうじて通用する」「三番煎じは当たらない」**。ソーシャルゲームバブルは百番煎じくらいまで通用しましたが、これは例外中の例外。いや、それらのソシャゲが二十年以上続くようなＩＰになったかどうか？　よく考えてみれば例外ではありませんね。

**ナンバーワンを獲るのはオリジナルばかり**

厳密には**年間ベスト5には必ずオリジナルタイトルが入り、**以降ナンバーワンを獲るヒットブランドになる。**10位まで広げるとさらにオリジナルが食い込む**。その後、ＩＰとして定着して以降はＴＯＰ10の常連となる。

この話をしてもらった九十年代後半でもすでにそうでしたが、ここ二十年間の年間売上ＴＯＰ10を見てもずっと変わっていないように思えます。以下に、当時の売り上げデータから「オリジナルタイトルのランキング」を調べてみることにします。オリジナルタイトルの定義は諸説ありますが、私個人が「新しい体験」だと感じたものも一部入っています。

左の表は、専用ゲーム機が主流だった二〇一〇年までのものです。こうして並べると最初に新しい体験を提示したタイトルの強さが改めて見て取れます。ここに載っていないその他のＴＯＰ10タイトルすべてですが、はじめは新しい体験を提示した「オリジナルタイトル」として登場し、その後定着したものばかりです。**三番煎じはいません**。スマートフォンが台頭してきた二〇一一年以降も『妖怪ウォッチ』のリリースなど、新規タイトルの躍進は相変わらずのようです。

調べてみると、オリジナルタイトルが売れなかった年が二〇〇三〜〇四年と二〇一〇年にやってきていますが、それぞれ「業界全体が閉塞しそうになっ

## 年間売上TOP10に入ったオリジナルタイトル

| | |
|---|---|
| 1996年 | 『バイオハザード』4位 |
| 1997年 | 『みんなのGOLF』6位、『パラッパラッパー』7位、『I.Q』8位 |
| 1998年 | 『グランツーリスモ』3位 |
| 1999年 | 『大乱闘スマッシュブラザーズ』4位、『DDR』6位 |
| 2000年 | 『遊☆戯☆王 デュエルモンスターズ4 最強決闘者戦記』4位 |
| 2001年 | 『鬼武者』5位 |
| 2002年 | 『キングダムハーツ』4位 |
| 2003年 | 『メイドインワリオ』10位 |
| 2004年 | 『戦国無双』6位 |
| 2005年 | 『おいでよ どうぶつの森』1位 |
| 2006年 | 『もっと脳トレ』3位、『脳トレ』6位 |
| 2007年 | 『Wii Sports』1位、『モンスターハンターポータブル2nd』2位 |
| 2008年 | 『Wii Fit』3位 |
| 2009年 | 『トモダチコレクション』4位 |
| 2010年 | 『Wii Party』4位 |

た」年だったのではないかと思います。前者はＤＳやＰＳＰ、Ｗｉｉのような携帯する、一緒に遊ぶなどの新体験＆インターフェイスの革命という変化で乗り切り、後者はスマートフォンの台頭という激動がありました。

二〇一〇年からは、スマートフォンゲームのリリースから代表的なオリジナルタイトルを見てみましょう。ここでも年間売上ナンバーワン、ないしは売上ランキングの一位を複数回獲ったタイトル、加えて長期にわたり売れ続けているタイトルが多いですね。

**スマートフォンゲームのリリース**

| | |
|---|---|
| 2010年 | 『Kingdom Conquest』 |
| 2011年 | 『カイブツクロニクル』 |
| 2012年 | 『パズル＆ドラゴンズ』 |
| 2013年 | 『モンスターストライク』 |
| 2014年 | 『白猫プロジェクト』 |
| 2015年 | 『あんさんぶるスターズ！』 |
| 2016年 | 『シャドウバース』 |

大型ＩＰのスマートフォン展開も多く見られますが、オリジナルタイトルも負けてはいません。『パズドラ』『モンスト』は、いまだＴＯＰ10の常連です。**市場やプラットフォームが変わっても新しい体験の提示は普遍的であるということを、**福嶋さんは遥か昔に自分のものにしていたわけです。

## オリジナルをつくった者は伸びる

最後は私個人の感想ですが、エニックスでオリジナルタイトルを手掛けたプロデューサーはいまだにスクエニの第一線で、また退社しても業界内で活躍しています。退社している人が少ないのも大きな特徴です。

私は二〇一五年七月に、ニコ生でシジララTVというチャンネルを立ち上げました。月曜二十一時に毎週「つくった人がゲーム実況」という番組を始め、当時エニックスで福嶋さんのイズムを継いだプロデューサーたちと、その頃つくったオリジナルタイトルのゲーム実況をしています。

結果として、エニックスのオリジナル作品のほとんどは売れませんでした。しかし、新しい体験やチャレンジの塊のような個性的な作品をプロデュースしたことは、その後のプロデューサーたちの大活躍を見ていると、それぞれにとって大きなノウハウになったのは間違いないようです。当の**本人たちも、この当時の挑戦と失敗が後に生きたと証言**しています。

オリジナルというのは0から1を生み出すということです。つまり世界設定もキャラクターデザインも音楽もシナリオもゲームシステムも、何もないところからつくらなければならない。**当然支持するファンも一人もいない**。続編やスピンオフ、キャラクターIPと大きく違うところです。最初から全部ないのは、ブランドを守る仕事とは別のベクトルで相当しんどいのですが、**すべてを自分でやり、失敗して改善してまた挑戦する、というのが経験知の蓄積としてとても良質**なのだと思います。

そういった福嶋イズムを引き継いだスクエニで、私も思う存分オリジナルタイトルに挑戦させてもらいました。最終的にはIPやブランドタイトルを手掛けることも多くあったのですが、この時にゼロベースでものをつくった経験が大いに生きたと思います。

何よりスクウェアと合併しても、このイズムを継承したスクウェア・エニックスもすごい会社ですね。歴代の経営者やスタッフによって受け継がれているこの思想や哲学が「イズム」と呼ばれるもの、「会社のカラー」と呼ばれるものなのです。これがこの会社で仕事をすることの醍醐味だな、と振り返ってみると強く感じます。一方で、**守りながら攻めることを要求される大型ＩＰを手掛ける優秀な人材**も多く在籍している。実に層の厚いエンタメ集団に在籍していたんだなと思います。

## 『ライバルが多い場合、自分で市場を作って、そこで一位を獲れ』

市場がすでに飽和状態になっており、なかなかヒットが出にくい状況はよく起こることです。まさに現在のスマートフォン市場もそうですね。いわゆるレッドオーシャンになっている場合に一位を狙うためにどうしたら良いのか？福嶋さんはこう語ってくれました。

みんなと同じことをせずに、市場は小さくても良いので「新たなマーケット」を作り出し、そこで「新しいもの」「当たると大きいもの」をつくってナンバーワンの地位を獲れということです。市場は自分で作る「磁場」と言い換えてもいいです。まずはじめは小さくてもその後その市場が「拡大」した場合、**先行者がそのままポジションを保つ可能性が高い**というのです。

私個人の経験では、iPod専用ゲームのプロデュースがまさにそれでした。二〇〇八年当時にiPod向けゲームの市場はごく小さいものでしたが、そこで唯一無二の専用ＲＰＧ『ソングサマナー』を制作して、ナンバーワンの磁場を作りました。

「唯一」とは福嶋イズムで言うところの「新しいもの」になります。

この作品は三十万本ほど売れましたが、もっと売れたiPodゲームもあったはずです。しかし多くは他のプラットフォームでも遊べるものでした。**『ソングサマナー』は似たようなものがない時点でライバル不在、**そういった意味でナンバーワンなのです。最初はこれでもいいのです。

結果**iPodに電話の機能がつきiPhoneとなり、市場が一気《いっき》呵成《かせい》に「拡大」しました。このときiPodのゲームをつくっていたポジションが大いに活き、『ケイオスリングス』が日米の売り上げランキングで同時に一位になった**ことは前述した通りです。このボールが岩野プロデューサーまで繋がり、彼が『ミリオンアーサー』シリーズを仕上げて今日に至っています。

またスクエニは相当後発で漫画事業に参入して成功させています。この成功は出版業界の奇跡と呼ばれる程で、とにかく強力なライバルばかりの市場でした。一九九一年に『月刊少年ガンガン』を創刊した当時、小学館・講談社・集英社や秋田書店などの漫画雑誌とそれに紐づく有名作品の数は、まさにレッドオーシャン。そこに「ドラクエ原作の四コマ・ストーリー漫画」や「ドラゴンクエストの最新情報」を軸に新しい磁場を作りあげたのです。

そこから**じっくりと新人作家を発掘育成**し、オリジナルコンテンツをプロデュース（個人的には、男性向け漫画雑誌での女性漫画家の積極登用もガンガンが新規で行ったことが特徴だと思います）。ついには**累計発行部数六千百万部の大ヒット漫画『鋼の錬金術師』を生み出す**に至っています。これも福嶋イズムの一つだと考えています。

新しい市場と磁場を作り出すというのは、その後成功した時に奇跡と呼ばれるくらいのことです。頭がおかしいと思われることもある。他人から見て荒唐無稽な新規チャレンジは、拡大して成功するまで周囲に理解されないことを意味します。当の本人にとっては孤独でつらい戦いが続きますが、福嶋さんはその状態こそが健全であると言われていると理解しています。それを裏付ける話として、彼はこのようなことも言っています。

**『鋼の錬金術師』**
荒川弘作のダークファンタジー漫画。二〇〇一年より九年間にわたり連載された。

## 『会議で全員が積極的に賛成したプロジェクトは疑え（やめたほうがいい）』

**転じて、強烈な反対者がいるべきである。**

理解をなかなか得難い内容である。しかし、当たると大きい。こういうプロジェクトは、推進しろということでもあります。会社組織においての議決執行者として最も責任の重かった人がこう言っている。きっと福嶋さん自身、**絶対当たらないと思っていたものが大当たりしたり、会議メンバー全員が「これはいける」と考えたものが大外れしたりした経験**をお持ちなんだと思います。実際エンターテインメント業界はそういうものです。

そんなイズムが継承された会社で、私も長年思い切りチャレンジをさせてもらいました。ゲームプロデュース自体がよくわかっていなかった二十代は、ただただ孤独を感じていましたが、実はそういった**挑戦をさせてもらっていること自体が、手厚いサポートだった**のです。会社を辞めたあとに振り返ると、よく理解できます。

**新しい磁場を作ろうとして孤独に戦っている人がいるならば、それは「これから」ヒット作を生み出すプロセスの中で実に健全な状態です。**プロジェクトに反対者がいることは、むしろ実りある結果を生むための好機ととらえて、へこたれずに続けていってもらいたいと思います。

## 結果を出すなら半径10メートルから飛び出せ！（安藤）

積極的にヒットを狙っていくために、プロデューサーはどうしたらよいのでしょうか。

これは、プロデューサー以外にも当てはまる点があるものです。

まず結論から言いますと**「半径10メートル以内で仕事を完結させているプロジェクトチーム」はヒット作に恵まれません。**もっと極端に言うと、**同一フロアや同一部門など、会社の近しいブロックのみでプロジェクトが完結しているとヒットの確率は下がります。**

なぜか？

大前提として、プロジェクトは目標に向かって進行する性質を持ちます。つまり「売上一位のゲームをつくることが目標」の場合、一位を獲れる状態から〝逆算〟してプロジェクトを編成していくことが必須となります。逆算するとなると、必然的に半径10メートルの範囲から飛び出さないと達成は困難です。

ヒト・モノ・カネのプロジェクト三大構成要素で考えてみましょう。例えばスマホのiPhone・Android両プラットフォームで売上ナンバーワンのオリジナルRPGをつくる場合。

ヒト・・・優秀なクリエイター、最高のチームを編成するためには、能動的にそのスタッフを確保しに行かなければなりません。自分の半径10メートル以内、ひいては同じフロア内に偶然そのような人材がいることがあるでしょうか？もしいるならばそれは奇跡的なことであり、運任せにすぎません。

モノ・・・この業界で仕事をしている人であれば、考えるのをやめない限りはナンバーワンを獲れる企画の種は自分一人でも思いつくでしょう。ただし、ヒット作になるアイデアは自分が思いもよらないところや、考えもつかなかった組み合わせからやってくることが多いのも事実。**つまり他人との出会いや、会話の中から生まれる可能性が高い**。これも自分の机にしがみついていてはダメです。書を捨て街に出る必要があります。

カネ・・・一位を獲れる企画を実現する予算を獲得するのは、パブリッシャーとプレゼン次第。サラリーマンの場合、自分の所属している会社の〝ふところ〟事情と、会社での発言権や説得力などの実績によっても左右される。サラリーマンでキャリアが浅いとヒットが出にくいのは、この点でも自明。実績を積み重ねるか、あらゆる手を使って提供者を説得するしかない。逆算の思想から言うと、ここも本来は「自分で見つけてくるべき」なのだから。ハリウッドの映画プロデューサーは、自分の報酬も含めた予算もすべて自分で確保しますよね。よってこれも半径10メートル、会社の枠を飛び出すことも可能性として考えるべきです。

以上の理由から、**大原則としてヒットを狙うためにはナンバーワンから逆算して考える必要がある**というわけです。もちろん自分が希望するスタッフ・予算・企画内容にならないことがほとんどです。しかし、この逆算思想を持っていると、一位候補がダメなら二位候補にあたる……など、ベストの状態から制限に立ち向かえるので、プロジェクトのコンセプトが持つ色気やみずみずしさが一気に失われることはありません。

ところが多くのプロジェクトはこの逆算をせずに、以下のようなパターンになっていることが多い。

「前のプロジェクトで組んで良かったから次も一緒にやろう」
「付き合いがある会社なので次回も発注しよう」
「知り合いがいる会社なので声がかけやすいので組もう」
「あの人が好きだから組もう」
「大金をかけるプロジェクトだと提案が通りにくそうだから、安くしよう」

などなど……このように半径10メートル以内や自分のテリトリーで話を完結されがちです。ナンバーワンから逆算した結果、身近なスタッフや気心の知れた仲間にたどり着いたのであれば問題はありません。何度も言いますが、そんなこと本来なかなかありえないことなのです。**たいていは、こちらの方が楽だから、どうしてもこのような「積み上げ式」になってしまう。**

積み上げ式を選んでしまうと、「他の才能と組んだ方が良い選択だった」「もっと予算をかけていれば（あるいは抑えていれば）よかった」「付き合い優先や会社の知名度で組んだら、その会社が苦手な制作ジャンルだった」といったことが起こります。よって自ら半径10メートルを超えて、ダイナミックにプロジェクトを仕掛けないと失敗する可能性が高い。

逆算しているかどうかは別として、多くのヒットプロジェクトは会社の垣根を越えていることが多いのです。ダイナミックに半径10メートルを超えているケースがほとんどです。つまり戦略的に狙いに行っている。このことを、二〇一五年秋のトップセールスランキングから見てみましょう。

■『モンスターストライク』

mixi木村さんと元カプコン／ゲームリパブリックの岡本吉起さんとの組み合わせ

■『パズル&ドラゴンズ』

ガンホー森下さんとハドソンを退社した山本大介さんの組み合わせ

■『LINE：ディズニーツムツム』

ディズニー竹野さんとNHN馬場さんの組み合わせ

『LINE：ディズニーツムツム』
ウォルト・ディズニー・ジャパンとNHN PlayArtが制作・開発したパズルゲーム。二〇一四年にLINEから配信開始。

『Fate/Grand Order』

■『Fate/Grand Order』
ディライトワークス庄司さんとアニプレックスの組み合わせ

■『白猫プロジェクト』
コロプラ馬場さんとスティングを退社した浅井さんの組み合わせ

■『アイドルマスターシンデレラガールズ』
Ｃｙｇａｍｅｓとバンダイナムコの組み合わせ

■『ドラゴンボールZドッカンバトル』
アカツキとバンダイナムコの組み合わせ

組み合わせは厳密に言えばもっと複雑ですが、おおざっぱにみてもかなり大きな動きが見て取れますね。偶然もあるでしょうが、それぞれのプロジェクトに思い切った「仕掛け」が見て取れます。退社して新天地で活躍するパターンが見られるのも、それ自体が大きな仕掛けであるからに他なりません。

さてその後二〇一七年となり、ヒットプロジェクトの傾向はどのように変化

『Fate/Grand Order』DELiGHTWORKSが開発、TYPE-MOON、アニプレックスから二〇一五年に配信されたファンタジーRPG。

『白猫プロジェクト』コロプラから二〇一四年に配信開始されたアクションRPG。

『アイドルマスターシンデレラガールズ』バンダイナムコゲームス（現バンダイナムコエンターテインメント）・Cygamesから二〇一一年に配信されたアイドル育成ゲーム。

『ドラゴンボールZドッカンバトル』アカツキが開発、バンダイナムコエンターテインメントから二〇一五年に配信されたバトルゲーム。

したのでしょうか。概要を書き出してみましょう。

■ＩＰの台頭

『Fate/Grand Order』や『ドラゴンボールＺドッカンバトル』など原作ものの大成功で、各社ＩＰタイトルを手掛けるようになりました。専用ゲーム機では続編が出ていない旧作タイトルが、スマホ向けにアレンジされてヒットするような傾向もみられます。日本発のＩＰが海外でも売れているのも大きいですね。

■オリジナルでの勝負

二〇一四年までは、オリジナルタイトルが売上ＴＯＰ３に食い込むケースが見られました。相変わらずオリジナルは予想外の良い結果をもたらすことが多く、『シャドウバース』『アナザーエデン　時空を超える猫』などのヒット作が生まれました。

■新しいターゲット「女性」を狙った仕掛け

『あんさんぶるスターズ！』や『夢王国と眠れる100人の王子様』のヒットは、これまでターゲット設定されることのなかった「女性向け」ゲームがライバル

**『シャドウバース』**
Ｃｙｇａｍｅｓから二〇一六年に配信された、対戦型カードバトルゲーム。

**『アナザーエデン　時空を超える猫』**
Wright Flyer Studiosから二〇一七年に配信された、シングルプレイ専用冒険ＲＰＧ。

**『夢王国と眠れる100人の王子様』**
ジークレストから二〇一五年に配信された女性向けパズルＲＰＧ。

**『刀剣乱舞』**
ＤＭＭゲームズから二〇一五年に配信された刀剣男士育成シミュレーションゲーム。

**『A3!』**

が比較的少ないジャンルだったことを証明しました。ブラウザゲーム発の『刀剣乱舞』のヒットも拍車をかけた形で、ここに着目して仕掛けた『A3!』などのゲームが、新興のチームにもかかわらず成功を収めています。

■海外勢の台頭

『モバイルストライク』『Game of War』など海外製のゲームのヒットは、この数年の間に起こったトレンドの一つです。いかにも日本人好みな世界設定を主に中国・韓国のスタッフがつくり、『陰陽師』『崩壊3rd』などがヒットするケースもトレンドとして挙げられます。

傾向は変わっても、明快に「狙い」を定め攻めてきているという点では、半径10メートルを超える意志を持ったチャレンジは相変わらず有効ですね。

**ナンバーワンを獲るために逆算していますか？** 仕掛けていますか？

これを機会に現在の自分のプロジェクト、これから立ち上げる企画を考え直してみるのはいかがでしょうか。

リベル・エンタテインメントから二〇一七年に配信された、イケメン役者育成ゲーム。

**『モバイルストライク』**
米国のEpic Warから二〇一五年に日本語版が配信された、ミリタリー戦略MMORPG。

**『Game of War』**
米国のMachine Zoneから二〇一五年に日本語版が配信された、戦略バトルRPG。

**『陰陽師』**
中国のNetEase Gamesから二〇一七年に日本で配信された幻想RPG。

**『崩壊3rd』**
中国のmiHoYoから二〇一七年に日本で配信されたアクションゲーム。「崩壊学園」シリーズ三作目。

## ゲームプロデューサーが本気で「実況生主」になってみたら、こうだった（安藤）

スクエニを辞め、自分の仕事で一番大きな変化となったのがゲームＤＪとして実況放送を始めたことです。二〇一五年の七月にニコニコ生放送のチャンネル「シシララＴＶ」を開設し、以降毎週月曜日二十一時にクリエイターをゲストにお呼びして、その方の過去作をゲームライターのタダツグさんとともに実況するという番組「つくった人がゲーム実況」を中心に、色々な番組を展開しています。

一年十か月で取り上げたタイトルは百四本。お越しいただいたゲストは約二百人。放送に費やした時間は延べ三百三十四時間二十四分。延べ五十六万六千人の方にご覧いただいており、中堅生主くらいの規模になってきました。ここでは、つくり手が「伝える仕事」を真剣にやってみて、どうだったか書きたいと思います。

まず結論から言うと、つくり手にとってゲーム実況するという

シシララTV「つくった人がゲーム実況」

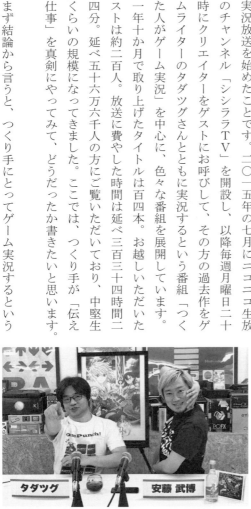

のは、いいことしかありません。あえて悪いことを書き出すならば、番組の準備にカロリーがかかるのと、放送の拘束時間が長いので「つくる時間」はその分減ります。ですが、プロデューサーは朝から晩まで机にかじりついて仕事をする職業ではないので、時間配分は余裕でスケジュールに組み込める程度のものです。それでは次に、その「いいこと」を書いていきますね。

## ■その1「レトロゲームはネタの宝庫」

十数年前までは、「基本無料＋アイテム課金」のゲームはこの世に存在しませんでした。プラットフォーマーが売り値を決めてくれて、つくり手はひたすらアイデアに注力できた時代のゲームを主にピックアップしています。シシラＴＶでは、発売から十年経ったゲームは「ヴィンテージ」と呼んで、レトロゲームに定義しています。

ヴィンテージの自由な発想やアイデアの豊かさや面白さに毎週気づけるのは大きい。インプットとしてこれほど上質なものはありません。一方で、ガチャガチャがどれだけゲームデザインの幅を狭めているかもよくわかります。マネタイズにはまるゲームシステムや遊びは、〝今のところ〟すごくバリエーションが少ない。似たようなものばかりがリリースされるのは、このせいでもあります。このまま放っておくとお客様に飽きられてしまう。これを打開するために、レトロゲームからインスピレーションを受けるようにしています。

実況放送をすると、楽しみながらみんなで自然とこれができるのが大きい。**ニコ生だと視聴者の皆さんのコメントを拾いながらこれができるので、色々な考えが吸収できる**のも良い点です。昔クリアしたゲームでも忘れていたり、脳内でだいぶ美化変形してしまったりしていることも多く、実際プレイすると温《おん》故《こ》知《ち》新《しん》になります。海外と国内で最新のゲームを研究対象にする人は多いですが、**ヴィンテージも対象に入れることでさらにアイデアの幅が広がる**のでオススメです。

## ■その２「基本無料のゲームとパッケージゲームは現状、異世界のもの」と気づける

逆説的ですが、これらパッケージ販売形式のもので遊び続けていると、「基本無料のそれとはまったく違うものである」と改めて感じるようになりました。両者は大きく同じ「ゲーム」とくくることができますが、全然別のもの。少なくとも現在のガチャガチャのマネタイズでは大きくかけ離れたままでしょう。

未だにスマホのゲームを苦手とか嫌いという人がいるのもわかります。

例えるならば、同じスポーツでも、野球と競馬くらい違う。ライブをコンサート会場に見に行くのと、ストリートミュージシャンを見るくらい違う。ガチャがメインのスマホのゲームにも昨今ゲーム性が求められているので、**この両者は近づきつつあるように見えますが、別世界のものです。**

しかし、影響力のあるつくり手が声を大にして「スマホは嫌い」と発言するのは違うと私は思います。そもそも全然違うんだから。対立構造は注目を集めますし、どちらかの支持者からの人気は上がると思います。それでも市場規模の小さいゲーム業界でそんなことをやってもトータルで見るとためになりません。

別世界だが近くにあるものとして、お互いを認めながら、どちらもお客様に飽きられないように進化をする必要がある。**電車の中で小説を読みたいこともあれば、活字が煩《わずら》わしいから写真週刊誌や漫画を読みたいこともあるわけです。**

とはいえ、何か目が覚めるような第三のアイデアや仕掛けがないと、パッケージゲームは予算や市場の問題からつくりづらい時代になり、基本無料のゲームは似たようなものばかりで飽きられるか、ガチャが法的に規制された瞬間に即死する。どちらもつくって、どちらも遊んでいると、そう思います。ゲームDJとして、特にパッケージゲームを重点的に遊ぶようになってからは尚更深く考えるようになりました。

### ■その3「新しいエンタメを思いつこう」

というわけで第三の新しいアイデアを模索、実行しなければこれから本当にヤバいのですが、ゲーム実況をしていると、良いアイデアが生まれる可能性がちらほら実感できる瞬間があります。

例えば、私は**今後のヒットキーワードに「体験の共有」というのがあると考えています**が、ゲーム実況をすると視聴者と出演者との間に、体験したものにしかわからない共通の話題が増えていきます。二度と忘れられないようなもの、知っている者同士だからこそ長期間盛り上がり続けられるものが、オンエアのたびに続々生まれていくのです。特筆すべき点は、これらが「複製不可能」だということ。どれだけ分析してもコピーできないものは強い。CDの販売が不振になった音楽業界がフェスやイベントに活路を見出したのとよく似ています。

e-Sportsのアプローチもそうかもしれません。いずれにせよ、これからは**ゲームでも「体験の共有」をわかりやすく、面白く、最初に、商品・サービスとして提示したものが大きくスケールします**。その組み合わせは何なのか？　実況をしていると「この組み合わせはイケてるのではないか？」という示唆に富んだ瞬間がよく訪れます。実はこれが最も私が得たいことなのです。

スマホ以降、これから何が来るのか？　本当にわからない。わからなすぎる！　という時代に突入しています。そんな中、つくることもやめず、伝えることを始めることによって、まだモヤモヤとはしていますが、何かの手がかりがつかめそうです。あとは実行・失敗・改善の繰り返しですね。

## サラリーマンクリエイターの働き方は、すでに限界を超えている（安藤）

私がスクエニに在籍していた頃、面談で様々なクリエイター社員と話をする機会が多くなるのが、例年五月前後でした。それぞれがどう考えながら仕事をしているのかがよくわかります。部長職に就いていた三年間は、この面談がある種の定点観測になりました。近年、給与などの待遇面とは関係ない、新たなフラストレーションがたまっている人が増えてきたように思います。それはいったい何なのでしょうか。

### 「自分のやりたいことと、仕事で望まれていることとのズレ」

この手のストレスを持つクリエイターが年々増えてきています。これに対し、どう立ち向かったらいいのか。もともと一線級のクリエイターは自分がつくりたいものと、お客さんが求めているものは違うことを理解しているものです。そして時にはエゴを押し殺し、時には上手に折り合いをつけながら制作に臨みます。

稀に自分がつくりたいものをつくったら、そのまま売れたということもあります。これは単純に運がいいだけの話で、**ほとんどのクリエイターは、常になんらかのズレと立ち向かっているのが当たり前**です。

それでもここ数年、我慢強く立ち向かっている開発者から、隠しきれない何かがにじみ出てくる様子を感じ、**この現象にきちんと立ち向かわないとマズいんじゃないか**、と考えるようになりました。自分自身にも心当たりがあります。まずはこのモヤモヤを分解して整頓し、原因を探ってみることにしました。すると、まず次のトピックが見えてきました。

**「先行きがある程度見えてきたことに対しての不安や退屈さ」**

その一つの要因として、ゲームのプラットフォームにスマートフォンが定着化したことがあります。スマートフォンの台頭は、業界各社の売上構造を根底から変えてしまう強烈なものでした。

**家庭用ゲームと、モバイルゲームと……**

かつて主流だった家庭用ゲームの業績が好調な会社は今や「異色」と言われ、スマホを中心としたネットワークコンテンツの売り上げが会社の屋台骨たる主力事業になりました。大手の未来は明るいように見えます。しかしそれも、今後せいぜい「二年」程度のことではないでしょうか。

昨今スマホ事業においての業績は、各社良し悪しのコントラストが目立つようになり、完全に明暗が分かれる格好になっています。これはいわゆる二〇一〇年末から起こったソーシャルゲームバブル以降はじめてのこと。

つまり、**出せば当たる常勝、右肩上がりの状態が完全に終わったということです。**

現在業績が良い会社でも、総合力で売れている会社は少なく、メガヒットタイトルが一本あり、その一タイトルの売上がそのまま会社業績として反映されています。これは、**次の一本が出なければ、いずれはピンチ**ということを意味します。複数当たっている会社でも、ＩＰ化など長く愛される要素を創出しなければ同じことになります。

現在のスマゲ市場は「一発当たるとデカイが、もはや昔ほど当たらなくなった」。

さらに年々開発費は高騰しており制作リスクも高まった。また、売れているタイトルはランキングに残り続けるので、上位に食い込むのも困難。**こんなキツイ市場になってしまったのに、各社一斉にスマホ向けのゲームをつくりまく**

**っている。**いったいこの先どうなってしまうのか……冷静に考えれば不安やとまどいも出てくるでしょうね。

新しいもの好きの私個人としては、今までのやり方はすでに通用しないし、「市場もすでに終わった」くらいに考えています。何か別の「ブレイクスルー」を見つけなければ、このままこの市場はどんどんスポイルされていくでしょう。

**家庭用ゲーム機は新しいハードが出ることで、場のリセットが都度かかるという側面があります。**

技術的にできることが増えたから、新ハード向けに新しいアイデアを出してみようとなり、クリエイターのモチベーションも上がります。プラットフォーマーはその気になれば、もっと早いタイミングでスペックを上げた新機種をリリースできるはずですが、ハードの寿命を見ながら周期を「わざと」コントロールしていますよね。また高額の開発専用機材が必要だったり、参入障壁も高めに設定されています。このことによって市場が緩やかに保たれ、作り手も腰をすえてそこに挑むことができます。

一方スマホは事業主がゲーム屋ではないので、ゲームクリエイターの都合とは関係なくガンガン端末のスペックは上がっていきます。参入障壁も低くオープンプラットフォームのため、**スピード感とライバルの数も半端でない**。ゴールドラッシュの時代から現在のフェイズへの移行スピードは、**家庭用ゲーム市場のそれと比べるとまさに爆速**。端末に現在ほど性能を依存しない時代がそのうちやってきますから、ある日気づいたらPS4→PS5程度のスペックへと端末がバージョンアップされている……なんてことが起こるでしょう。

そのくせ家庭用ゲーム機に比べて、**スマホは最新の技術に挑める場所では必ずしもありません**。

家庭用ゲーム機は新ハードでクリエイターがどこまでやってくれるか？　を顧客が楽しみにしているところがあります。一方、スマホゲームの顧客は超超ライトユーザーが大部分を占めますから、新しい端末でのゲームにおける技術革新をそこまで求めていません。端末の進化スピードは、家庭用ゲーム機よりも速いのにもかかわらず。

よって先端の技術に挑むことにやりがいを感じるトップクリエイターが、スマゲ業界で肩透かしを食らう状態が起こりつつある。スマホ向けRPG『メビ

**『メビウス　ファイナル**

ウス ファイナルファンタジー』のような規模の作品が大きな支持を得ると進展がありますね。

家庭用ゲームもビジネスとしての成功機会は昔より少なくなってきており、暗中模索かつ八方塞がりの状況。これが各人のモヤモヤの原因なのか。

これ……ではない！ ではないぞ！

ライバルが大勢おり、制作費のリスクもかかり、面白いのは当たり前、その上で売れるか売れないかは道・天・地・将・法すべて揃ったとしても運次第……という過酷な状況、市場が爛熟《らんじゅく》してきてからの戦い方など、昔からゲームクリエイターは百も承知で覚悟の上。

フラストレーションは「別のところ」に存在する！

サラリーマンクリエイターは自分のやることを固定しすぎて、結果、窮屈に仕事をしています。プラットフォームもバラエティーに富み、ビジネススキームも増えた現在。**選択肢が昔に比べると格段に増え、お客様に喜んでもらう表**

**ファンタジー』**
スクウェア・エニックスから二〇一五年に配信された『ファイナルファンタジー』シリーズのスマートフォン向けタイトル。クオリティの高いグラフィックをスマートフォンで楽しめるところが特徴。

**現の仕方も様々になりました。**そんな中、「奔放に」今の時代のものづくりの楽しさを享受して、かつ人を集めている勢力が出現しています。

**ニコ生やYouTubeのゲーム実況者**

法人のつくったゲームを個人がプレイすることで人を集めて商売している。

**まとめサイトなどのニュースキュレーション**

他人が書いたニュースをまとめて人を集めて商売している。

こうした人たちの動きは、とても「自由」ですよね。人のつくったものを使って新たに人気を集めるなんて、ズルいとさえ感じてしまいます。

YouTube全体で再生時間のトップランカーは、メインコンテンツがスマゲ攻略動画の「マックスむらい」チャンネルです。ニコ生人気生主のイベントには数千人の熱狂的なファンが集まります。マスクで顔を隠している人間に大勢の女性ファンがついている。彼らも出自はゲーム実況がほとんど。またゲームの情報を得るときに大手メディアより、「はちま起稿」や「オレ的ゲーム速報@刃」などのまとめサイトをメインに読んでいる人も結構います。

**一方で、サラリーマンクリエイターは規則通りに丁寧かつ真面目に、良いものをつくっている。**

楽しく自由に仕事をして人気も支持も獲得している前述の新勢力に比べると、窮屈です。ここが潜在的なストレスの原因なのではないかと強く考えています。

新しい形としてサラリーマンクリエイターも、**この自由なやり方を受け入れる時期がやってきている。**おそらく多くの人が気持ちでは受け入れ始めていると思いますが、杓子定規《しゃくしじょうぎ》に会社の規則や常識に囚われていると、違和感がある人もまだまだ、というのが本当のところでしょう。

でも私は、このようなやり方を受け入れていかないと、今後ゲームというエンタメの世界では生き残れないと思っています。

プラットフォーマーに保護されていれば良い時代は終わり、スマートフォンも未曽有のレッドオーシャン。次に何が大きくこの産業を変えていくのか？明確なブレイクスルーもまだ見つかっていません。超混沌とした乱世なのが今です。その時に問われるのは**臨機応変な自由さや柔軟さを持つことと、個人の力を強めること**。これが有効な生存戦略だと思うのです。ではそのためにどうしたらよいのか？

## ■副業をすべきである

可能であれば。本当に自由な活動をしようと思ったら、**所属している法人とは別人格をもって、かつ売り上げが立つようにしたほうが、頑張り甲斐があります**。多くの企業は人材の流出や、本業に本来注入されるべきカロリーの低下を懸念しますが、優秀な人材ほど時間を適切に配分して完遂するはず。新しい発見、新しい食《く》い扶持《ぶち》が見つかることで、個の力は強まり、**社員にも余裕ができ、本業でもより良い仕事ができるようになるはず**です。

副業を悪用したり、本業で手抜きがあった場合は、その悪評から一生逃れられないという、狭いゲーム業界ならではの自浄作用もあり、無茶苦茶はできません。また、もはや既存の大手にしかできないゲーム制作の予算規模やノウハウというものがあり、つくりたいものに対する予算が数億以上になっても投下される「クリエイターパラダイス」の状況が提供される限り、抜けるメリットもありません。

こういった状況から、今後は副業を認める会社も増えてくると思います。そういった寛容な会社に対しては、**より社員の忠誠心が高まるといった動きも見られるのではないか**と考えています。

## ■同人活動をすべきである

副業が無理な場合は、これでも十分。同人をつくることで、実は大半のストレスが軽減されるのがクリエイターだったりします。また**商業的な目的から外れることで、新しい才能が発掘されたりと、かえって本業にとってプラスになることが見つかる**。企業側は同人活動に関しての権利処理等に対して、すべてノーと言わず、理解を示すべきです。

六年ほど前から数年間、スクエニの若手プロデューサー陣が中心となりオリジナルで同人アニメや同人ゲームを作成するという活動がありました。私も楽曲提供で参加して楽しかったのですが、この活動で当時新人だった岩野さんが（いい意味で）変態で凶暴なシナリオを書けるというのがわかり、一緒にゲームをつくりたいと思うきっかけになりました。

パッケージがそれなりで中身がひどい、詐欺ゲー詐欺アニメといわれても異論はない出来栄えでしたが、それでも色々な収穫がありました。

その他、副業や同人でなくても**売り上げが目標ではないクリエイティブはすべきです**。絵本をつくるもよし、椅子をつくるもよし。これらは著名キャラクターデザイナーたちにやりたいことを聞いたとき、本当に出てきた話です。私個人の活動としては、十年くらいバンド活動をしてアルバムをコンスタントにリリースしていますが、音楽はゲームと違い評価やクリエイティブが感覚的なので、とても良い発見があります。

二〇一五年に発売した、六枚目のアルバムジャケットが左下です。お休みの日を使って水田直志（楽曲提供）・窪洋一、鈴木裕之（ＣＧ作成）というスクエニのトップクリエイターに制作をお願いしました。スマホでは試せないハイエンドのＣＧ制作だったこともあり、勉強になったとの、ありがたい意見をいただきました（左端が著者）。

個人や法人が完成前から商売せずとも資金を集めてゲームをつくるクラウドファンディングや、ブランドがある法人では難しい広告課金でチャレンジングなゲームをつくるやりかたなど、アプローチはまだまだあります。インディーズゲームもそうですね。

## クリエイターが一つのことに縛られている時代は終わりました。

才能のある者がファンや自分を満足させるために選択する「自由」を、これからは積極的に実行するべきです。自由には「責任」が伴い

ますから、その良し悪しを慎重に考える必要も今はあるでしょう。ですが、そのうち企業も許容して、この考え方が当たり前になるはずです。**より自由な環境を求めて、人材が流出する方がダメージは大きい**ですからね。

これからは川村元気さんのように、東宝の社員でありサラリーマン映画プロデューサーでありながら、作家でもあるようなスタイルの人がゲーム業界でも増えます。また企業公式の動画攻略・実況部隊も増えるでしょうし、自らがつくったものを自らの手で再度コンテンツにしていく動きは、オフィシャルになるでしょう。こういった時代、それぞれがどういうアクションを起こせばいいのか？ ベストな結果を出すことを第一に考えて、行動していきたいものです。

## 心が折れそうなときに読む話（安藤）

仕事というものは、「これまでこうやってきた、今こうだから、今後こうなる。」という考えのもと、**過去現在未来をつないで「続ける」ことこそが大事**です。

その継続したい気持ちを途中で邪魔する「心」の問題に触れたいと思います。

この仕事を長年していると精神面でつらいことが多々あります。ひどい場合は、休職や退職などの原因になることが普通に起こる。つらいのはどの仕事でもそうかもしれませんが、ゲーム制作の場合は主に次のような理由で、**精神的にしんどくなる人が多い**気がします。

（1）努力と報酬が比例しないからしんどい

頑張れば頑張れるほどその分ゲームが売れる、という確約はありません。ゲームは一夜漬けが効かない制作の構造を持っています。少しでもサボるとそもそも完成しませんから楽をしている人なんていない。考え抜いて、行動して、血のにじむ努力をしている。にもかかわらず、それに見合う売り上げがあがらない。報われない。が当たり前に起こるのです。頑張れば頑張っただけ儲かる仕事もあるわけですから、**暗闇に向かってジャンプをし続けるような理不尽さ**がつらいのです。

（2）才能と報酬が比例しないからしんどい

ほとんどのゲーム制作がチーム戦です。**一人がすごくてもどうにもなりません。**また、全員すごいメンバーを集めたからといって必ずその作品が売れるわけではないのは（1）と同様です。チームワークや、岩野さんが書いていたようにプロデューサーの仕切りかたでも大きく結果は変わりますが、だからといってプロデューサーが有能であればあるほど、売れるわけでもない。

（3）とにかくうまくいかないからしんどい

その他、理由はともかく、うまくいかない。逃げたり甘えたりしている場合はお話になりませんが、とにかくエンターテインメント業界は誰にでも絶対に浮き沈みがあります。つまり、**今売れている人は売れなくなるし、したがって今売れていない人がこれから売れます。**別に才能や努力とは比例せずにそうなります。「エンタメはそういうもの」だと気楽に考えていた方がいいです。売れたゲームしかつくったことがない人なんてまずいません。

努力や才能も大事だけど、それは絶対的ではなくて、運にも思い切り左右される。ある種見えざる力のようなものが、ゲームの当たり外れに実は深く関わっているのです。そうであれば**一番確実に当てる方法は、当たるまでつくり続ける以外にない**。よっていかなる理由でも途中であきらめないことこそが大事です。

**仲間がこのような状況に陥っていた場合**

しかし、企業の給与報酬体系のほとんどが成果に対して支払われ、見直されていることもまた事実であり、続けていることと評価とが、そこまで紐づいていない場合が多い。特に真面目な人ほど**自分の報酬評価が低いイコール自分がイケていない、と思い込むケース**が多く見られます。これは才能と努力の限りを尽くしても必ずしも売れないというエンタメの真実と、売れる・売れないで給料を決めざるを得ない企業のシステムの折り合いの問題だけであって、**評価が低いから即お前はイケてないということではない場合が、実は多い**のです。

それでも心が折れてリタイアしたり、本来の能力を発揮できずにもがいている人がいるのは心苦しいことです。できる限りそうならないようにするため、このように考えてみるとシンプルです。

## 「クリエイターにとっての報酬はつくること」

売れる・売れないは神のみぞ知る世界なわけです。ならば**つくっていること自体を報酬として感じる**、その結果売れたら、たまたま金銭も報酬としてもらえるだけ。売れない場合、給料は上がりませんが、まあそんな時期もあると考えるわけです。

お客様に向かって商品をつくることを一番のご褒美として感じる。これができればその人は一生つくりつづけることができるでしょうし、ヒット作も自分の予期せぬタイミングで出すことができるでしょう。逆にそれを報酬と感じられない場合は、ゲームをずっとつくっていていいのか？　という不安から常に（特に売れない時期に）逃れることはできないでしょう。

この考え方は家庭や生活がかかっていたり、忙しかったりと、とにかく「余裕がない」とできないものです。部下や仲間がこのような状況に陥っていた場合、私は次の三つのアドバイスをしています。

（a）静かな時間をつくれ　・・・　心の正体がわかる
（b）暇であれ　・・・　心の機微がわかる
（c）あっさり味のものを食え　・・・　心の真実がわかる

これらは中国・明時代に洪自誠《こうじせい》が著した『菜根譚《さいこんたん》』にある一節です。**余裕がないのは自分自身の心の動きが把握できていないということ**。寝る寸前までスマホを見て日々がせわしなかったり、スケジュールがぎっちり詰まっていて毎日忙しかったり、素材の味がわからないくらいに激辛や濃厚な味のものばかりを食べたりしていると、自分が今どういう状態にあるのか、したいことは何なのか、現状に対してどう感じているのかが誤魔化されているのです。結果、どうしたらいいかわからなくなって心が折れてしまう。

一瞬スパークして燃え尽きるよりも、ゆっくりでも続けることが大事です。特にバリバリ仕事をしている才能がある人こそ、ゆっくり考えてみてください。もし心が折れてしまった人がいたら、**今の状態はいったん休憩しているくらいに思う**こと。そして必ずゲーム制作の現場に戻ってきてくださいね。

**『菜根譚』**
洪自誠（生没年未詳）作の随筆集。処世訓を儒教・仏教・道教の三教の立場から説いている。

あなたが途中でリタイアすることの方が、最終的にはお客様にとって大きな損失なのですから。

## そして、これからこうなる。（安藤）

未来のことは誰にもわからず、どうやったら確実に売れるゲームがつくれるかは明文化できません。今日の常識が明日には通用しなくなる。それは突然やってきて、これまで築いてきたものは即死すらする可能性をも持つ。努力と報酬、才能と報酬が比例しないのなんて当たり前。頑張れば頑張るだけ売れるという仕事でもない。

前職で、『サガ』シリーズを手掛けた河津秋敏さんから部門に向けて一筆いただいたときに、色紙にはこう揮毫《きごう》されていました。

## 「ゲーム作り　ただつらい。」

色々な意味に取ることができ、河津さんのキャリアを考えると深い一文です。ゲーム制作は生涯暗闇に向かってジャンプをし続けるようなものですし、先行きが不透明な状態が連続する、確かにつらいもの。その通りだと思います。で

**『サガ』シリーズ**
スクウェア（現スクウェア・エニックス）から一九八九年に発売されたRPGシリーズ。

も、このメッセージにはこのような意味も込められていると思っています。

**のたうちまわるくらい苦しんでようやく出てきたものこそが、お客様を喜ばせることができるものになる。また、つらいけども、ずっと「続けなければ」良いものは出ない。**

私は結局、**「自分を認めて」あげて、「マイペース」で、「長く続ける」ことこそが大事だ**と思っています。ですが、これがシンプルで最も難しく、つらいことも多々あるとも言えます。

続けることも含めて、これからどうなるのか？　今後どうすればいいのか？　私自身も、ずっとその闘いの真っ只中におり、悩みまくって行動をしています。

ここでは、その「考え方の本質」を書きたいと思います。つらくなったり悩んだりした時などに立ち返る、「どうしたら良いのか？」「なぜそうするのか？」という幹や根っこの部分の話です。

根本的なことですが、なかなか、すんなりいかないこともたくさんあり、不甲斐ない自分自身に都度言い聞かせながらやっていることでもあります。

つまり、**これから書くことは私がもともとできなかった、あるいは今なおス**

**ムーズにうまく出来ないことばかりです。**

もはやゲームづくりを超えて「哲学」や「生き方」の領域なので、**ゲームづくりを「人生全般」に置き換えて読むこともできます。**良い人生を送ることこそが、良い仕事にもつながりますし、人生もいわば戦いの連続。続けること、進むことがつらくなる時だってもちろんあります。そんな時にも以下の考えを私は巡らせて、少しでも前進できるように、もがきながら進んでいます。

よってゲームとは関係のなさそうな概念や考え方ばかりです。なぜこれが、自分たちがここまでに書いてきた「一人でも多くのお客様が楽しんでくれるゲームをつくるために、今後どうしたら良いか?」ということと関係あるのかな?　と思う人もいるかもしれません。でも、必ずリンクしていますからね。文章のどこかに、深く考えるきっかけがあるといいなと思います。

## ■変化せよ

まず、「変化の大事さ」です。

変わっていくことの重要性はこの商売をしている以上避けられません。

なぜならば、**同じことの繰り返しはいずれ飽きられてしまう**からです。いつだってどこからともなくやってきた「新しいもの」がその時代を切り取る。

ゲームセンター、ファミコン、携帯ゲーム機、スマートフォン……。社会現象になった時、そのいずれも同じことの繰り返しの延長線上にはありません。長期政権を守り続けることは構造的に不可能。ソフトも同じことです。その時代にウケた遊びがずっと通用することは無い。絶対に変わらねばならないのです。

変化を恐れて停滞すれば、どれだけ大きな会社でも関係なく死にます。変化を繰り返していても栄枯盛衰《えいこせいすい》を繰り返すくらい、他業種と比べてもとんでもない変化が起こるのがこの仕事です。

毎ターン、革命が起こる大富豪のようなルールでプレイをしているわけですから、同じ手札を守り続けていては負けます。**「変化こそが進化を呼び込む」**のです。では、ゲームづくりに必要な変化とは何でしょうか?

## ■恐れず手放せ

変化とは楽して利益が継続できる、または自分もしくは誰かがつくり上げたそれらのシステムに乗っかることを手放し、新たな領域に挑戦することです。

それらは肩書き、組織、給料、名声、ゲームシステム、課金方法、プラットフォーム、など多岐にわたります。**うまくいっているものほど、捨てて0から考える覚悟が必要です。**嫌ですよね。怖いですよね。でも勇気を持って立ち向かう。〝楽〟しくはやるべきですが〝楽〟しちゃダメ。

## ■自分だけの景色を見つけろ

変化することで、これまで見えなかったことが見えてきます。結果うまくいっても、いかなくても、**あなたが労力を使って、あなたにしか見えない景色が見えただけでオッケー。**それだけで、もうけもの。ラッキーです。必ずどこかで自分の予期せぬタイミングで何かと良い方向につながる。忘れないでください。

景色を見る方法は一つ、ただ山に登るだけ。かっこよく登る、早く登る、効率よく登るといったことは考えなくても大丈夫。**あきらめずに、ただ登れば必ず見られます。**頂上に行けなくても、途中の景色で十分。これだけでも役立つインプットや人生を豊かにする何かと出会うでしょう。

## ■変わらない選択もある

また、哲学的ですが「変わらないように変わっていく」のも変化の一つです。お客様から「ここは変えないでほしい」と求められていれば、そうすることも必要。ボーッとして変化しないのではなく、「変わらないでおこう」と決めて**能動的に「変わらない」ことを選択する。**漫然と変わらないのはただの思考停止。決めたのち、あえて変えない決断をすることこそ重要です。

## ■焦って変わるな・手放すな

変化のために手放せと書きましたが、残り時間に焦ったり、今までの選択が違っていたと感じたりした時に、突然劇的に変えることのないように。例えば慌てて転職や独立などはしない。無理して自分を変えようとしない。とにかく変われば良いというものではないのです。職場や家庭環境を変える前に、自分が何をしたいのか？　どのようにすれば無理せず変化できるのかをよく考えてみましょう。**むやみやたらに手放し、捨てるのと、進化のための変化は違いま**

**す**。無理しないとできない変化は、進化になりません。

## ■自分で納得した選択に間違いなし

その選択は間違っていたのではなくて、**一方を得るために一方の可能性を犠牲にしただけ**。犠牲というとマイナス要素のように聞こえますが、これはおかしなことでも悪いことでもありません。例えば『パズドラ』級のヒットが出たら、作り手は『パズドラ』以外の新作をなかなか作らせてもらえません。『ドラゴンクエスト』も『モンスト』だってそうです。私はこれを「作品に人生を持ってかれた状態」と言っています。等価交換の法則みたいなものです。

人事で言えば、管理職として任命されると現場でものがつくれなくなる、あるいはつくりにくくなります。どちらかを取ろうと思えば、どちらかを捨てる必要が人生の状況によって現れます。**その時、どちらかが最良でどちらかが最悪の選択だった……みたいなことは決してありません**。ヒットメーカーや法外なお金持ち、イケメン、美人、スーパースターにだって悩みはある。

あなたがこれでいいと納得した選択に間違いはない。どちらも糧になる。だって、**その時にやりたいと思ったことには（自分にしかわからない）理由があ**

**るんだから。**人と比べて、こっちをやっておけば良かったとか、こっちをやらなくて私の人生良かったのだろうか？　と悩む必要はありません。**自信を持って自分の選択を認めてあげること。**

## ■どっちかをあきらめろ

人生は一度きりなので、今まで捨ててきたものをどこかで拾わないといけないとか、あっちの選択をしていたらどうだったのか？　と思うタイミングがあります。全部を取ることは無理。あきらめましょう。あきらめる……あきらめるというのは諦観という言葉があるように、「つまびらかにする」「明らかにする」という意味があります。つまり、**自分がしたいのはどっちなのか、はっきり選択して明らかにする。それがあきらめ。**

一方で、選択しなかったものを極端に拒絶すると、人生であきらめたものが今度は自分に牙をむいて襲いかかってきます。その恐れがある場合には、遊び感覚でいいので、ほどほどに両方を取ることも大事。自分の中に蓄えてきたものをご破算にしない程度の趣味や副業など、別軸で打ち込めるものを作るべきです。

違うプラットフォームや別のゲームシステムへの挑戦は、理にかなった両取りです。『パズドラ』は『パズドラレーダー』や『パズドラ3DS』などブランドの中で変わっていってますよね。『ドラゴンクエスト』にも、今やアクションゲームからネットワークゲーム、スマートフォンまで、色々な変化がある。そういったやり方もあります。

## ■人と比べるな

他人と比べる必要はない。評価・賞賛がなくても慌てる必要はない。他人からどう思われたっていいじゃない。**人は自分が思っているほど、あなたのことを見てはいない**し、自分のことがわかるのは世界中で「自分しか」いないんだから。**自分のことを認めてあげてください**。そうすれば物事はとても楽になります。

## ■チームの力がなければ何もなすことはできない

変化は他人によって起こされることがほとんど。何かを変えたい時に人に会いに行く、何かを変えてくれそうだから、その人と組んでチームやパートナーになりたいと思うのはこのせいです。

この本は、ゲーム業界情報サイト「Social Game Info」で連載した記事をまとめたものです。連載はもう一人の執筆者である岩野さんが交渉して決めてきたものに、私が乗っかる形でスタートしています。その上でタイトルまで私が決めて、彼には一年もの間このテーマに付き合ってもらいました。原稿が遅れた時にも嫌な顔一つせずサポートしてくれた「Social Game Info」のスタッフの方々、記事を読んでいますと励ましてくださった数多くの人々……。皆さんがいないとこの文章は成立しませんでした。

大事な人ほど迷惑をかけてしまうものですが、私はたくさん「もらう」からこそ、たくさん「あげたい」と思います。転じて**たくさん「あげると」たくさん「もらう」ことになる**、とも思っています。それをだんだん「あげる」ばかりにしていきたいけど、超難しいですね。相変わらず周りに迷惑をかけて、もらい過ぎてばかり。私にとっては人生の大きなテーマです。

## ■孤独を恐れるな

他人の存在は、ことをなすときにとても大事な要素。しかし根っこでは、孤独でも一人でやれる勇気を持つべきです。他人に依存せずに、自分で自分と向き合う時間を作らなければなりません。**孤独を恐れずに立ち向かえる人になれば、チームになったとき、より強いし、独りになっても大丈夫。**これからは独りでもゲームがつくれる時代がやってきます。いや、もうやってきています。

今はＳＮＳやネットの発達で、知りたくもないのに他人が楽しそうにしているのが見えて、自分だけ独りなのかな？　寂しいのは自分だけ？　と思うことも多いかと思います。でもこれ、そう見えてるだけなんです。**自分と向き合ってない人が群れていても、彼らもその場しのぎでやってるだけです。**それはその時の、そういう生き方なので結構なのですが、結局誰もに、どこかで戦うタイミングがやってきます。個を認め、その力を独りで強めることができないと、何事も長いスパンでやり続けることは難しくなります。

自分と向き合うことから逃げて、一人の人間としての自我が弱いままだと、いつか自分より弱い立場の人や身近で大事な人に責任を転嫁して、傷つけたり、迷惑をかけたりします。

## ■未来を予言せよ

これからこうなりたいこと、やりたいことを口に出す、書き出すのは効果的です。人間ははっきりと宣言した目的地に向かって進んでいく性質を持ちます。よって中期的な（三年くらい。長くて五年とかで良い）未来図の作成は、そこに描かれていることが実現する可能性を高めてくれます。

会社が年間の予算を期首に作れといってくるのは、この性質を利用したものです。予算も未来図の一つなんです。「これからこうなる！」と宣言した当初のこの連載も、そのためにやっていた面もあります。書くと自分のしたいこと、行きたい場所がすごくはっきりします。**公私にわたって、細かくなんでもいいから、実現したいことを表に書いてみましょう。**

ちなみに、私が三年前に書いた未来図（スクエニ時代）を久しぶりに見ました。そこには一番大きく「自分がいなくても成り立つ組織を作る」と書いてありました。果たして私は独立起業していなくなり、残ったメンバーたちはそれぞれ昇進したり、新しい彼らの組織を作ったりして、未来図の通りに私なしで成り立っています。

## ■予言が当たらなくても気にすんな

一つだけ注意すべき点があります。未来図の作成は、絶対に実現しなければならない、実現しなかったらどうしようという強迫観念にもなり得ます。この心配な状態が生み出す焦燥下で、不安定になった時に慌てて行う判断は、後々うまくいかないので気をつけたほうが良い。**予言（予算）が達成できなくても、気にし過ぎない。まあ、そんなこともあります。いくつか出来たら良しとしましょう。**出来なくてもその途中に何かを見つけたら良しとすること。

## ■嫉妬すんな、攻撃すんな

うまく予定通りにやる必要なんてない。達成できないこともあります。またできなかった、できそうにないからといって後悔したり、できている人を嫉妬、攻撃したり足を引っ張ったりしてはいけない。**その人も自分も、頑張っているのは一緒。一方はたまたまダメで、一方はたまたま当たっただけのことです。**

多くのヒットメーカーは、ヒットの理由を「運が良かった」と言います。このことをよくわかっているからです。彼らは人を羨望したり、他人の人生を支配したりしません。マイペースで自己容認している人が多い。

当たらなくても次は自分の番が来ます。それでもダメだったら次。一方、**当たった人はダメになる可能性が高い番です**。これの繰り返しが誰にでも起こりうるのが、ゲーム制作という仕事です。良かった時に天狗になる、ダメだった時に人のせいにする、悪口を言う、人の領域に介入して支配する、既得権益を守る、出世のスピードを他人と比べる、給料・部門の業績を比べる、利益やデータ〝ばかり〟に気をとられて、一喜一憂しすぎる……なんてことはしてはいけません。

## ■自分を認めてマイペースで行け

嫉妬や攻撃をしてしまうとネガティブな気持ちが生まれます。この**「恨みの感情」は結局、巡り巡って恨んだ人自身を確実に壊しにやってきます**。そんなことをせずに自分で自分を認めてあげる。その後は、みんなのことを考えてＧＩＶＥ＝「あげる」ことをするといいです。自分が無理せずできることをマイペースにやっていれば、自然といろんな人からTAKE＝「もらう」ことになります。

### ■ちょっとでいいから毎日やれ

変化はつらいことも多い。つらくても進めよう。**毎日ちょっとでもいいからやる。**やらない日はやらないと決めてのんびりしよう。

### ■健康に気を使え、寝ろ

心身ともに不調は突然やってきます。良いゲームをつくっているのに、見るからに健康面が心配な人がいます。あと十年生きていたら、どれだけの作品が新たに生まれていただろうと悔やまれる早世の巨匠もいます。つくり続けるために健康はとても大事な要素ですし、夜討ち朝駆けが当たり前のこの業界。寝ないと死にます。**食べ過ぎ飲み過ぎ吸い過ぎは、もっと死にます。**

健康に関してあなただけが特別なんてことはない。見た目が若いと言われてる三十代、四十代も増えましたが、人間の仕組み自体は昔から変わりません。

確実に衰えていきますから、ケアをしていかなければ変化も進化もありません。健康診断もあくまで目安。無茶しても検査でOKだったから大丈夫ではありません。不具合は突然起こります。KPIと同じです。だいたいのことはつかめるけど絶対的なものではない。

寝ることは死んでると同じという人がいますが、とんでもない。寝ている間におびただしいインプットが整理され、新しいアイデアの源になります。**睡眠はクリエイティブなことです**。また、寝ないとHPはおろかMPが回復しないので、精神的にきつい時に耐えられません。寝よう。

## ■若いうちは無茶をやり、たくさん失敗せよ

二十代はアクセルベタ踏みで、どれだけ追い込んでも一晩寝たら元通りでした。根拠なき自信や万能感があるのもこの時期です。色々な可能性を試せば良い。嫌いなことを作らずに、あえて突っ込んでみよう。好き嫌いを決め打ちするのはまだ早い。食わず嫌いだったものが新しい可能性に変化する場合があります。むしろ**自分の予期せぬ事柄と化学反応を起こした時に、大ヒットが生まれます**。それを見つけるのはたやすいことではありません。疑いを持たず、ビ

**KPI**
Key Performance Indicatorの略。重要業績評価指標。現在の状態を数値などで定義すること。

**HP／MP**
HPはヒットポイント（生命力）、MPはマジックポイント（魔力の量）・マジックパワー（魔力）の略。

ビらずにチャレンジ（これが無茶。**無茶苦茶やれということではない**）をして、これでもかというくらいカラフルに失敗してのけること。

この時期に守りに入ると、三十代を迎える時にますます攻められなくなり、他人と比べる、嫉妬攻撃する、既得権益《きとくけんえき》をどう奪うか画策するなど、政治的な動きやお客様にとって何の関係もない**〝組織ごっこあそび〟**に興味を持ち始めてしまいます。

## ■テキトーにやれ、気楽にやれ

三十代以降は病気や思いがけない出来事が突然起こります。その時に色々な可能性やそれぞれの人生に意味があることを知り、このままでいいのかな？と若い頃にはほったらかしで興味がなかった事柄に深く考え悩むことがあります。進化をし続けていれば、なおさら起こると思います。

また身体能力的に残された時間も意識することから、自分が何のために仕事や生活をやっているかわからなくなったり、今までの決断は正しかったのかどうか心配になったりすることがあります。まずはここでも**焦らないこと**。

「人生は死ぬまでの暇つぶし」くらいに考えて、起こるすべての喜怒哀楽や、成功失敗を楽しむ。これも自分を認めてあげることです。**つらさもテキトーにいなして楽しんでしまう。**自分ができないことは、無理してやらない。楽しくできることだけを積極的に選択していっても良い。

三十五歳位（早ければ三十過ぎ）からは、**自分が好きなことをやる時間をいかに増やすか、自分がしたくないことをいかに減らすかを考えるべき**です。必要なものと必要でないものを選別するのはすごい大事。

私は本田宗一郎のこのメッセージをよく思い出します。

「人間、生をうけた以上どうせ死ぬのだから、やりたいことをやってざっくばらんに生き、しかるのち、諸々の欲に執着せずに枯れ、そして死んでいくべき、という考え方だ。」

どうせ死にます。**やりたいことをやるべき。テキトーにやるべき。手に入れたら、手放していくべき。**

## ■悩み、それは才能の証

精神医学者のエレンベルガーによると、才能のある者は、夜の海に航海に投げ出されるような不安定な感覚をいずれ持つと言われています。特に天才に起こりやすいと言われていますが、つくる人全般において、かなりの頻度で起こるはずです。**だってあなたも天才でしょ？** 何かをつくっている人はみんなすごいのです。ゲームをつくっている人だって、同じです。詳しくは「創造の病」で調べてみてください。**その人の成長に必要な時に起こる**と言われています。

暗闇に向かってジャンプし続けるつらい状態の出現は、ものづくりをする人間として健全なこと。そして勇気を持って立ち向かえば、必ず克服できています。**その先に新しい価値観やアイデアを手に入れることができます。**

……と、他にも細かく色々書き出すことはできますが、このあたりにしましょう。皆さんの応援になればとつい熱くなって長文になってしまいました。足らないところはまたどこかで書きます。

自分自身の孤独を恐れずに見つめ直し、人を傷つけないよう大切な相手（お客様やおもしろいと言ってほしい人）のことを考えて行動していれば、つらくてもいつか必ず突き抜けることができます。漢字で書いた「辛」いの文字に串が刺さって突き抜け、「幸」せになると思っている。居酒屋のトイレにあるオヤジの小言か結婚式のスピーチみたいになってしまいましたが（笑）、せめてそんな世界であってほしいですね。

たどる道は人それぞれですべてが違い、どれ一つとして同じものはありません。みんながそうなのだから、**つらいか楽しいかはその人の受け取り方次第**。誰かの道はずっとつらい、誰かの道はずっと楽しいということではないのです。自分が無理せず続けられる、続けたいと思う方の感情で歩んでいくのがいいですね！

私も書いていてようやく考えがまとまることも多く、実りある執筆でした。ここに書いていることもまた変わっていくのでしょう。それすら楽しみにして、前進していきます。

進化するための変化を選択したために、困難を引き受けた人。それを決断した勇気ある人に、幸せや成功が訪れますように。その人生が素晴らしいものでありますように。

# おわりに

安藤武博

この連載が終了して早くも一年になります。その間にもスマートフォン、専用ゲーム機問わず、この業界はめまぐるしく変わり続けています。それらを詳細に予言することは、非常に困難でした。それゆえに挑み甲斐のある素晴らしい仕事だと改めて再認識しています。

文中で行った様々な未来予測。普遍的なものもあれば、全く見当違いになったことも多々あります。想定通りに行くことなどほとんどありませんでした。それでも未来を断言することに挑んでみたのがこの企画です。結果としてそれが、思わぬ人との新たな出会いやアイデアを呼び込み、新企画になることもあり、やはり言い切って行動してみてこそ得られるものがあると深く実感しました。

この一年は、人生で最もタフな一年間でもありました。起業し、年齢も四十歳を超え、健康や環境の問題など様々な節目や変化を体験しました。それらのほとんどは自ら望んで起こしたことでしたが、「ヒト・モノ・カネ」全てにおいて、これまでの人生にないほどの試練や、初めての体験に打ちのめされる日々でした、そんな中、この連載を読み返すことで、自分の考えがどれほどまとまったかわかりません。また連載時より多くの読者の皆様からの「楽しみにしています」「繰り返し読んでいます」といった反響に、私自身が大変救われました。

この連載を開始するきっかけになった共同著者の岩野さん。私はあなたとの出会いで多くのことを学びました。部下ではありませんでしたが、岩野さんを含め「特モバイル2部」のメンバーは私の先生だとも思っています。また連載を掲載してくださったSocial Game Infoの皆様。連載終了後も良いお付き合いをさせていただき、外部に素晴らしいパートナーを作ることができました。その他、古巣スクウェア・エニックスのメンバーや起業したシシララのメンバー、そして家族、これまでかかわってくださったすべての人たち。私にたくさん考える機会を与え、サポートをしてくれたことに感謝します。最後に、紙の出版物を出すことが昔に比べてはるかに困難になったこの時代に、私たちの文章を手に取れる形にしてくださった、集英社クリエイティブの皆様と担当編集の林さん。皆様との出会いで、私の人生はまた豊かに変化と進化を遂げました。余談ですが、若い世代の岩野さんは「この本は電子書籍だけでもいいのではないか?」と言っていたそうです（笑）。私の世代はまだまだ紙の手触りも捨てがたいのですが、いつの日か著作が電子書籍化されることも切望しつつ、まずは本書を一人でも多くの方に読んでいただければ幸いです。

とにかくお伝えしたかったのは人生も仕事も楽しみながら、「これからこうなる」と予測し、ひとりで決断し、みんなの力で変化をしていくべきだということ。

皆さんが誰にも依存することなく独りで未来を切り拓いていけますように。また誰かの助けを借りながら、自分ひとりでは導き出せない新しい可能性をつかめますように。

安藤武博　あんどう たけひろ

一九七五年生まれ。同志社大学卒業後、エニックス（現スクウェア・エニックス）に入社、プロデューサーとしてゲームづくりに携わる。モバイルゲームで『ケイオスリングス』などのヒット作を生み出し、二〇一五年にスクエニを退社。ゲームプロデュースとメディア事業を手掛ける株式会社シシララを設立、「ゲームＤＪ」としてゲーム情報チャンネル「シシララＴＶ」をネット配信している。

岩野弘明　いわの ひろあき

一九八二年生まれ。関西大学卒業後、スクウェア・エニックスに入社、ＰＣオンラインゲーム事業に携わる。二〇一二年に配信を開始した『拡散性ミリオンアーサー』をはじめとするファンタジーＲＰＧ「ミリオンアーサー」シリーズのプロデュースを担い、ゲーム作品にとどまらずメディアミックスで展開。現在第10ビジネスディビジョンプロデューサーとしてオリジナルタイトルのゲームづくりを行う。

協力　株式会社スクウェア・エニックス
ソーシャルゲームインフォ株式会社

初出　本書はSocial Game Infoホームページで二〇一五年三月から二〇一六年四月まで連載された『安藤・岩野の「これからこうなる！」』より抜粋し、改変を加えて収録しています。

# 安藤《あんどう》・岩野《いわの》の「これからこうなる!」
## ―ゲームプロデューサーの仕事術《しごとじゅつ》―

二〇一七年五月三一日　第一刷発行

著　者　安藤武博《あんどうたけひろ》
　　　　岩野弘明《いわのひろあき》
発行者　加藤　潤
発行所　株式会社 集英社クリエイティブ
〒一〇一-〇〇五一　東京都千代田区神田神保町二-二三-一
電話 出版部　〇三-三二三九-三八一一
発売所　株式会社 集英社
〒一〇一-八〇五〇　東京都千代田区一ツ橋二-五-一〇
電話 読者係　〇三-三二三〇-六〇八〇
　　 販売部　〇三-三二三〇-六三九三（書店専用）
印刷所　凸版印刷株式会社
製本所　株式会社ブックアート

定価はカバーに表示してあります。

ISBN978-4-420-31078-9　C0095

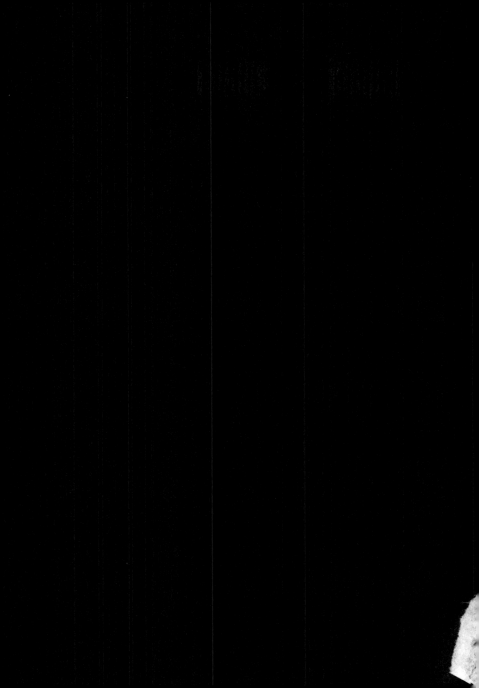